灶王奶奶
上天言好食
下界保平安

充分搅拌
不超过5分钟
加进去会有凝结
咕嘟半の时

1000ml
豆浆
1
不超过
10ml
白醋
2
最多
0.5克盐
3
豆浆加热
换砂锅
开最小的火
洒盐，搅拌开

阿子——著

法律出版社

序

心智与味觉的对话

胡续冬

阿子曾经说,我是第一个没交往多久就凭直觉坚信她会做饭的人。她念小学的时候就已成长为给父母和兄长做饭的幼齿厨子,但在跟我成家以前,她在帝都一直都非常低调,混迹在一大票只会做西红柿炒鸡蛋的迷糊女青年当中,和光同尘、韬锅养晦。我是以一个吃货对另一个吃货的超强感应能力,感应到她潜藏在文艺皮囊下的庖厨气场的:在最初的几次聊天中我就发现,但凡她谈及自己喜欢的事物,都会流露出一种“你看起来好像很美味”的神情,这种神情绝非普通的吃货所能拥有,我当时就认定,这一定是一个善于挥动锅铲默诵“阿子说,要有吃的,于是就有了吃的”的厨妹。

我第一次见识到阿子下厨,是在我客座执教的巴西。那一年,作为刚和我打得火热的网恋女友,她生怕我呆在那个大波如云美臀如山的欢乐国度不回来了,一个筋斗云就出现在了我面前,连同行李箱里一大堆花椒、豆豉、豆瓣和煲汤的中药材(可惜辣椒被海关没收了),全都是我最急需的。我一时激动，竟忘了阿子也身怀厨艺，连着请了好几天假宅在公寓里霸占着厨房满足我的庖厨癖，阿子只有跟着吃的份儿。后来有一天我终于熬不过要去上课了，一回到公寓，发现阿子已经烹好了一桌饭菜，粗略一看，刀工、色泽都比我讲究，细品起来，口味总体上和我是一路，但又比我刚猛到底的重口味路线多了几分清新感。一时间，我不禁感叹老天的慷慨，在一个厨艺普及率大规模缩水的年代，居然无比挥霍地朝一个即将诞生的小家庭砸下了两个厨子。

我至今还记得，六年前我们新婚燕尔搬到北大畅春园改进版筒子楼“青年公寓”时阿子的兴奋劲儿，因为我们终于有了一间属于自己的厨房，尽管它微型得不足两平米，仅容一人在里面包揽全部厨事。阿子在这间迷你厨房里挖空心思地填塞各种厨具和食材的时候感觉比结婚还开心，对她来说，厨房就是美好生活的神殿。后来我们搬到现在住的北大蔚秀园，厨房也不大，只有 3.2 平米，但它却是阿子在这个庞大的世界上最心爱的 3.2 平米。一般情况下，阿子都像是被体内的某个 inner child 控制了的大龄儿童，有着与身形极其不成正比的“天然萌”。但只要一走进厨房，阿子瞬间就变身为艺高人胆大的江湖老艺人，沉着老练地把洗菜配菜做面点、烧炒焖炸蒸煮煎等一系列动作在逼仄的厨房里施展得如同行云流水。和我那种简单粗暴的乡野土厨子范儿比起来，阿子的厨风更接近厨艺作为心智与味觉对话的伟大本质。我很喜欢躲在厨房外窥视她一个人在灶前神色迷醉地颠锅的情形，我总觉得锅中蹿起来的火苗像是她的另一个元神，无比狂野地指挥着活泼的食材和香料们在锅中演奏出味觉欢乐颂。

虽然我们都只是居家厨子，但阿子在厨艺上的探索精神和创造力显然要高出于我。我们俩之所以会成为自己动手的吃货，大抵还是与地域传承有关，我们分别来自极富味蕾想象力的两个吃货重镇重庆和贵州，结婚时都自带川菜和黔菜的童子功。然而我一直不思进取，婚后六年在厨艺上的作为不外乎强化了童子功而已；阿子则热衷于在黔菜之外另辟蹊径，川滇闽粤淮扬西北乃至日本、东南亚、南欧、南美的路数多多少少均有所涉猎，而且她颇具研发能力，经常像个中世纪的炼金术士一样沉迷于在灶头进行味觉实验，其结果往往令我大赞其味而不知其所以然。简言之，在做饭这件事上，我像是个画行画的，而阿子更像是玩当代艺术的。

阿子身上的“厨事控”源于她对食物难以言传的大爱。错过了饭点，她会哭；做得一道好菜，她会忘记所有的焦虑和不顺。如果我们俩在外面分赴不同饭局，阿子会在第一时间发短信告知我她面前的菜并询问我在吃些什么，只解风情不解食情的友人们常常误以为这是大婆在例行查哨。每天夜里，阿子最常念叨的就是“明天吃什么呀?”，还没等我回答，她就开始小声地嘟囔起床后要去早市买些什么食材，那嘟囔声里放佛有农耕时代的炊烟在袅袅升起，待想象中的炊烟弥漫了整间卧室之际，她已在梦中当“料理仙姬”去了，我也只好钻进梦里去开“深夜食堂”。

当这样一个“厨事控”和“食痴”开始写起美食文的时候，作为第一读者的我总有一种把自己写过的那些有关食物的打酱油文字全都销毁的冲动。我前面说过，心智与味觉的对话是厨艺的伟大本质，阿子的美食文将这种温和、细腻、饱含理解力与洞察力的对话从灶下延伸到了纸页上，并在不知不觉中，把厨房里的私家菜烹制成了文字中的私家学问。阿子以前常以博士毕业后未能在大学里谋得教职为憾，可是自从入手美食文之后，这种遗憾就化作了浮云：她每日里心智最奔溢的时刻除了在厨房里颠锅，就是在案头吐纳数量惊人的古代笔记、中西交通史料、地方志以及与饮食有关的野史稗说，以这种“文化吃货”的笔法写一篇千字小文虽然比为三五友人下厨还累，但她却在其中获得了一种无法替代的快意：以机敏、柔韧、带着鲜活的实践感的笔触去亲近食物们的前生后世、家长里短，这种浸润着情怀的快意让心智与味觉之间的关系变得无比恩爱。

我虽然是一个文字惯犯，但总是惮于为他人作序，这次是为自己的妻子作序，自然更觉战战惶惶、汗出如浆。倒不是担心写不好会被家暴，而是担心自己草率的文字不能让诸位读者体会到阿子文中的种种可爱可敬之处。厨艺是一种以不拘的形式在食材里离析出知遇之情的人与自然的交流，好的美食文更能离析出人与自然、人与人、人与时间的多重知遇。但愿阿子笔端的快意能够传递到读者们的心智与味觉中，从而让他们更加快意于自己细小而伟大的生活。

目　录

厨　房

粮 食

蔬 菜

副 食 品

实 践

札　记

厨房

看书吃饱饭

十年前我从来没有想象过这样一个场景：临睡前的阅读时间，老公在捧读东欧某大牌流氓哲学家的作品以供催眠，而我在认真阅读菜谱，研习如何做好肥肠和脑花这一类吃下去无异于慢性自杀的高度不健康食物。那时我满心想的是如何看懂《小逻辑》、《精神现象学》一类让人头发日益稀少的大部头——当然直到今天也没看完，如何让自己成为一个使人闻风丧胆的哲学系女生，进而成为一个女哲学家，哪怕冒着嫁不出去的危险……现在这个伟大的事业已经离我越来越远，黑格尔的思辨远远没有一船胡椒换一个耶鲁大学的故事有趣，而胡塞尔的宏大叙事也不如辣椒如何远渡重洋，从新大陆来到中国的神秘经历吸引人。那些书，在描写旧时代的小说里，一般都会有一个叔叔或者舅舅或者其他所谓无知妇孺出面，来发出“看这些书，就能吃饱饭?!”的反问句或者疑问句。

大约只有菜谱这种书，具有看了就直接能吃饱饭的可操作性，为其他书籍所不及。《鲁班全书》、《农政全书》之类的书，自然也有看了能够吃饱饭的可能性,但是总归还有一个理论到实践的时间差,如果不是学鲁班打家具起房子的话,尊重大自然规律种田耕地,就要更长的时间周期了。当然,看菜谱的前提是有食材,不然就变成了《故事会》之类杂志里经常使用的俗语:"巧妇难为无米之炊。"

如果把《随园食单》一类的古代生活休闲图书也归入菜谱名录的话,可以看到曾经的菜谱是充满了科学精神的,如葱要切成120节,猪头要煮二百余滚。每当读到"煮二百余滚"这类计量叙述的时候,我的内心都充满了敬仰——站在灶边,需要怎样的专注才能目不转睛地数清楚,是煮了二百余滚呢?一滚和一滚之间的界限怎样判定?古代人真是太有智慧了。

改革开放初期的菜谱们,大多本着"人民的智慧"精神,采取"集体创作"的方式。作者不外乎是"某某饭店烹饪组"、"某某市烹饪协会"等,写法也极度符合课本里曾经教过的"说明文",废话极少,步骤详细。比如,包饺子是要"将饺子皮平摊在左手(如是左撇子,请平摊于右手)",接下来,"另一只手用筷子或汤匙将适量馅放入饺子皮中"。

但也有一些菜谱,会太过于简略,"海参泡发",看上去非常简单,但是如何泡?泡多久?用什么温度的水泡?水里要不要加盐或者碱?这些都是摆在人们面前的具体问题。海参这种昂贵的食材,一旦处理得不好,就十分麻烦,会有尖锐的涩味,口感很差。在物资匮乏的过去,通常也只有过年过节才会吃这样贵重的东西,效果不好甚至会影响家庭关系。但是对于编写菜谱的大师傅们来说,这些知识大抵已经是祖师爷给的饭碗里最基本最基本的东西,乃是不用解释的常识。当然现在大约也很少还有家庭自己做这样的东西吃了吧，实在是收到包装精美的干海参礼物，亦可带到海鲜馆去做来料加工，不用自己淘神。更有一些地方菜系的菜谱，大约师傅不谙普通话，写出来的句子都是“猪油烧涨”，北方人大概会完全摸不着头脑，其实所说的是“猪油烧至十成热”的意思。

现在的大本菜谱自然不可与以前的“集体创作”菜谱相比，都有美艳不可方物的照片，让你按着菜谱做出来永远感到自卑。而且还极度照顾初入厨房的新人，能够以德国人式的精确来写作中国菜谱，炒一个菜要放多少盐都是精确到克，油则精确到毫升——从健康的角度来说，倒也真是时代的进步啊！

指爪厨功

厨房当中若论起来,利器第一,当属指爪。老式家庭主妇,一般都会在家中小辈操刀挥向蔬菜的时候,当机立断地制止。在以前诸事讲究的人家里,茎叶作为食用部分的蔬菜,以及其他只要能掰得动的菜蔬,基本都是不可以刀剪相向。否则用《大波》或者《死水微澜》上的话来说,“会有铁腥气”。“手撕包菜”的神秘魅力,在以前,不过是一种常识:用刀切的包菜,一定会有铁腥气,无从下口。

所谓的铁腥气,大约现在的人们也很难理解了。我们如今所使用的大多要么是不粘锅,要么就是不锈钢锅,王麻子、张小泉一类的传统刀剪也很快要被双立人、非兹乐等来自德国的昂贵工具所取代。这些工具最大的共同点,就是不会生锈,而铁腥气的主要来源就是铁锈。传说中使用中国铁锅能够补铁,大概说的也就是锅里的铁锈。于是就有专门乐于破坏人们心中美好童话的科学家站了出来,说人体根本无法直接吸收铁锈。那这样说起来,主妇们对铁腥气的抱怨,就不再是龟毛大发甚至是为难新妇之举,而是对口味的高标准严要求了。

如果真的很想感受被旧时人们避之不及的铁锈味道，也有一个替代的办法。热油鸡蛋液下锅，然后加水，水开之后，放入莴苣叶子或者菠菜之类铁含量丰富的蔬菜，煮一煮，放凉以后再吃，就可以亲身体验铁腥气是什么样子的了。对了，一定要用大铁锅煮，万万不要用精钢锅、铝锅这种被科学家证明用多了会造成老年痴呆症的锅就更不要用了。

指爪听上去总是有一点点“铜尸、铁尸”的意味，让人背上有点发凉，寒毛为之一凛。不过当你真正用手指去掰碎一朵花菜、包心菜、白菜的时候，你才能真正体会到蔬菜的质地究竟是怎样的。从这个意义上说，手指是切断蔬菜脉络的最佳候选手段。和肉或者土豆、萝卜之类紧密柔软无从下手的食物相比，茎叶类蔬菜要柔弱得多，用手就足够分开，不必再用刀。从美观的角度而言，刀对于这些繁复的结构其实只有举步不前的份，用刀切开，总会有四散的渣滓，反而不利烹饪。

还有一些菜蔬，传说用了铁器就会变色，比如山药等。但这似乎其实不是铁器的错？似乎只要暴露在空气当中，就会氧化变色？不过古代人还是对于这种状况龟毛非常，一定会准备竹刀之类专门的器具来切片，或者干脆整个用手掰开，再或者就干脆放在臼中捣烂磨碎成浆。传说中菌类亦不可着铁器，要用手撕碎，而且最好是用砂锅烹煮。即使是手力无法去除的硬蒂，也要连伞一起撕开，放进锅中慢慢煮。春笋也经常要与铁隔离开，用竹刀刮去节部的圆点，以免涩口，然后再掰开炖汤。

对铁器的恐惧之外，对指爪本身也有精细要求。若是敬神的菜肴，不但要干净指爪,指爪的所有人还要家世清白,八字吉祥。大户人家对食品安全的监控,不但覆盖着食物本身,还要监测生产加工食物的人。若果是一个寡妇、或者是其他被看作命运不吉的畸零人,饶是有一身好厨艺,也不一定能找到合心的雇主。

不过也许这些讲究慢慢就会消失吧,对蔬菜无往不利的刀是人们第一首选。我记得我第一次对一朵西兰花下刀的时候,心中充满了一种反叛的狂喜,伴随狂喜的,则是对反叛的踌躇。而直到现在,看到一盘切成方块而非掰成旗子片的白菜,心中还是会隐隐想起用指爪的年岁。

厨房科学主义者

当年新大陆的各种蔬菜，刚刚传入欧洲的时候，传说番茄是被当作观赏植物，种在皇家植物园里，给人们参观用的。而在中国，番茄最早也是一种观赏植物，直到今天在广袤的中国土地上，除了西南一隅的云贵桂之外，西红柿的吃法左不过是用来炒鸡蛋。有些唱《大龄文艺女青年之歌》的大龄文艺女青年，还要就着泡面吃西红柿炒鸡蛋；或者是火烧雪山一类的吃法，直接拿来用白糖凉拌——在白糖匮乏的年代里，这样的招待标准也算很高的了；再不就是洗洗干净，直接当水果吃。

在番茄变得可食的过程当中，一定是有一些厨房实验主义者发挥了作用的。据说在欧洲是有一位画家，在他写生时太饿了，于是把自己的模特儿——当时叫做“狼果”的番茄吃掉了。在戏剧性比较强烈的版本里，他静待自己的死亡；而在平铺直叙的版本里，则说他只不过是把番茄和长相相似的苹果搞混了，顺手一吃。在前一个版本里，这个传说中的无名画家符合厨房实验主义者的基本要求：足够馋，对新鲜的味觉有迫切的好奇心；后一个版本，他就可以直接被从厨房里开除出去了。

墨西哥还是西班牙殖民地的时候，一个混血修女叫做索尔·胡安娜的，乃是美洲大地传颂的天才一流人物。虽然她手抚里拉琴（古代乐器，吉他的前身），出口成诵，但也一样要进厨房。不过她有着女性主义者的自觉，并不为进厨房而感到委屈，"我们妇女除了烹饪哲学还能知道什么？但是，如果亚里士多德懂得烹饪，他会写出更多的东西"。

即使是现在来看，这句话也有着振聋发聩的效果。尤其对于有机化学家来说，厨房是一个多么难得的实验场所。蛋白质变性这种有机化学常见实验，在厨房里一天可以做好几遍。比如可以又回到西红柿炒鸡蛋，看鸡蛋在高温作用下凝固变性；或者是点豆腐，石膏、盐卤、酸汤、浆水……全部都可以用来让蛋白质凝固。就是作为博物学者，也应该走进厨房，神农和亚里士多德在这样的情况下一比较，高下立判。可惜后人只经常提起神农尝过药草，而不提他尝过的蔬菜和粮食。在这个意义上来说，第一个吃番茄的欧洲画家俨然可以称为欧洲神农。

说来惭愧，要过很多年，我这颗实验的厨房心，才第一次看见这句话，顿时有醍醐灌顶之感。一时心中痛悔当年因为恐惧化学实验室里的各种强酸强碱，没有在高考时候选择一个化学类专业，否则岂不是也可以去研究一下做饭过程当中分子表面糊化的过程，比如学习食品工程之类。不过也有一个可能的后果，就是学习了现代的添加剂生产，从此绝步厨房，且觉得从前的厨房理想全归虚妄。但如果高校里有地方可以学习国外最先进的分子厨房技艺，我很有意愿去继续深造一番。倒不是想开一家像西班牙的 El Bulli 那样，定位要提前至少半年，一顿饭平均每个人一千多欧元的分子食物餐厅,实在是很想去学习一下充满了科幻色彩的美食。如今全球开花的分子厨房,估计是厨房科学主义者的下一个潮流吧。

木炭

日本的料理节目一直做得很精心，华语节目里颇有一些移植自东瀛。《食神》里的对决，要找起源头来，恐怕还是要找到日本电视节目中去。有一档叫做《料理东西军》的，每一期都找两种食物来对决，对食材、器材的来源、制法都描摹得颇为精细，伐檀烧炭、深海捉鱼不一而足。每一期看完以后，和老公两个人都只有沉默无语对咽口水的份。

有一期讲的是如何烤出最美味的鸡肉串。肉串的调料正如青木正儿先生所概括，体现出日式料理“专注于一种味道”的特色。这也就罢了——味道本身，本来是见仁见智的事情。不过材料里专门关注了木炭，烧木炭的老人如何选木，如何烧窑，看得人十分感动。大抵使用的是质地十分紧密的青冈木，烧出来的炭，声如磬，断面如镜，能够长时间高温度燃烧，用来烤肉自然最好不过。

对于没有独栋别墅和小院的平常人家来说，木炭如今只有在户外烧烤这样野意的厨房里，还有一席之地了。早年间，炭是寻常百姓家中必备的燃料，《卖炭翁》自然就不用说了，延安也一样要烧炭的，不然就没有《为人民服务》的名篇流传了。不像现在，只有冰灾的时候才会卖出好价钱，而且对炭的种类也没有太多讲究。煤，是很近代的东西，虽然现在更年轻一点儿的大城市孩子，可能就已经没有烧煤的记忆了。

现在能看到的，对炭最着迷的，都是四川人，傅崇矩和李劼人都讲过炭。在傅崇矩的《成都通览》当中，专门列了一项，“成都之油米柴炭”，足见炭在百姓生活中之重要性。成都附近的青城山等诸山都生产青冈木，其树颀长而质密，烧出来的炭也颇为结实，用来烧炭最为完美。其他还有更高级的檀木等等硬木烧的炭，这些被统一称为冈炭。也有说法叫钢炭，说是因为这种硬木烧出来的炭，质地密实，敲击则有钢铁一般的铿锵之声。还有一种比较普遍的叫做岚炭，同样产自曾经叫做灌县的都江堰，类似于焦炭，色发白者最佳。还有专门用于银手炉的银炭，产自彭县，这种炭大概算是特种炭，所以比其他炭都要贵，每斤要卖到二十余文钱。

对于旧时的饭馆而言，炭这种火力强劲的燃料，自然要比柴火之类的燃料好用得多。李劼人区分过文火和武火，武火需要火苗高高蹿出锅边，唯此才能让油锅腾腾燃烧，故要用岚炭，因为火力最猛；文火则是用来慢炖焖煮，钢炭和专门用泡木烧成的炭都适合。川菜老达人车辐记述他看到的做正宗麻婆豆腐的老师傅薛祥顺，就是要用岚炭的大火，把豆腐“笃”熟，把麻辣的味道逼进去。炭带来的是一种叫做火候的学问，同样的材料，同样的方法，可能就只有火候的些微差别，不同的人就会做出不同的味道。

彼时传说中的四川麻辣烫，还在命运的路上慢慢跋涉，没有变成现实。更多利用木炭的，应该是北方的涮锅。那种铜火锅曾经占领了大江南北的广大地方，不像现在只有原教旨的涮羊肉馆子里才有，甚至好像一看到那种锅子，就立刻想到要找韭菜花、芝麻酱、豆腐乳，来配羊肉吃。这样的锅子，为了节约成本，经常是一点点岚炭，加上一些浮炭——浮炭质最轻，扔到水里能漂起来，是以得名。如果不是据案长嚼，这些燃料大抵足够。那是炭的辉煌岁月，烧炭产生的一氧化碳和美食一起，在饭馆里让人如痴如醉。

臼与杵

人类的厨房用具源远流长，很多商周时期用来煮肉盛肉的爱物儿，都叫做“豆”、“鼎”，后世变成了炙手可热的古董。更不用说，那些在河姆渡和半坡，人们曾经用来汲水、烧煮的器物，现在已经是人类文明难得的遗产——看！那时候我们是这么吃饭烧水活下来的！

人们往后看历史的时候，似乎总是有戴老花镜的需要——越是近处的，越是看不清楚。远处的东西，实际上影影绰绰也不是那么清楚，但近处的东西却真正是“灯下黑”，不仔细地看，还真是容易错过。厨房里的器物，如臼和杵，就没有“鼎”、“豆”那样的好运气，正在悄默地从人们的厨房里消失。当然再过一个辽远的时间段，它们不是没有成为文物的可能。

这一对充满了色情气息的伴侣，曾经在中国的厨房里占据着重要的位置，也给历史上诸多反动黄色小调和故事提供了绝佳的内容(以下删去××字)。有一个字叫做“捣”，和这对冤家有千丝万缕的联系。月宫里很像一个变态矮个子怪叔叔的兔子，就要不停地做这个动作，据说捣的是药。的确，在中医，乃至早年间中世纪的所谓西医（其实深受阿拉伯医术影响）那里，杵和臼都是制药必备。有多少药物，要晒干了捣成末再团成丸，最终再被现代科学家们摒弃啊。而在厨房里，臼里用杵捣的多半是姜、葱、蒜或者花椒、大料一类香料，有时山药或者薯蓣这些软面的食物也会煮熟了拿来捣一捣，捣成泥再事烹调。

还有还有，据说已经变成了某文学公司的旗下网站的某文学站点，将旗下签约作家的作品分做了“玄幻、盗墓、官场、同人”等几类。我想，在其中的“官场”部门，应该高高地在网页上挂一对杵和臼才对啊，不管是木头的、石头的还是竹制的都好。因为官场里很讲究的“磕头如捣蒜”，没有这对物体做参照，是完全无法实现的动作啊！让21世纪的好青年们面对这么古旧的动作，也应该让他们看看这个动作到底是怎样从生活中来，到文学中去的吧？

如今只有在二三线西南城市，尤其是少数民族地区如我家乡，街头还有这种物事存在，在那有时候臼叫做擂钵，杵叫做擂棒，而“捣”则叫做“舂”——请注意，底下还是有“臼”的！糍粑和辣椒是经常光顾它们的客人：进去的是糯米饭，一番捶打之后黏得拉也拉不出来的是糍粑；而辣椒出来的时候，或者会是辣椒面，或者是加了水舂成坨的糍粑辣椒。

而将这对重要工具清除出厨房的敌人，也不知道该算是现代生活，还是日新月异的食物处理机。我小时候还用过小型的石擂钵和石擂棒，打着喷嚏舂一下午的糊辣椒面，然后奶奶会把那些新鲜的冒着柴火和辣椒味道的红面儿面儿用空玻璃瓶装起来，用的时候取出来，加上酱油葱花蘸东西——各种东西——吃。再后来，我妈妈就开始使用绞肉机了，虽然我奶奶对这种有些危险的机器颇为不喜，但是这种机器除了磨各种面面之外，还可以绞肉末、灌香肠——于是多功能的新工具就这样取胜了。

和温柔敦厚对人几无伤害性的杵臼相比，绞肉机听起来就有一些得州链锯杀人狂的惊悚感。有个兄弟，以前被大学某老师为难，于是送了该老师一台绞肉机，后来事情就波平浪静了。可见，这个机器别有一番威慑力！不过现在用绞肉机的家庭也几近绝迹了吧。新的食物处理机，能够处理干湿粉面，做豆浆，绞肉，打冰浆，做果汁……简直一专多能到了极点，还能体现人们对“科学”和“多功能”的追求，使用的时候都值得打一束追光，让它成为厨房里的焦点工具。杵和臼同它一比，简直要低到尘埃里去，就像龙套演员一样，默默离开舞台。

口罩

作为一只金牛座,未雨绸缪的精神是不可少的。不久前在网上买了一堆工业防护级别的N95口罩,这样等到阴霾天再现北京的时候,我和家人都可以戴着口罩,得意地笑傲京城——还是看不见的笑容。后来似乎北京的大气治理工作颇有成效,这堆口罩放在家里,一直也没有怎么用。

在我买这些口罩的那段时间,突然有一天,福至心灵,一直觉得可望而不可即的高技术含量厨房活动:颠锅,被我拿下了。于是每次站在灶台前面,都有一种好似普罗米修斯附身的迷狂,端着至少有2.5kg的大铁锅,痴痴地炒,痴痴地颠。锅里爆出灿烂火花,我心底就涌出小学生日记里的常用句式:“我的心里也乐开了花。”最壮观的是炒回锅肉之类油多的菜,中间按照我爹的秘方,要浇一些高度数白酒,如二锅头之类,浇过酒以后立刻开颠,会有着火的景象。这种景象比蔡国强那些火药爆炸并不逊色,心砰砰跳的速度,不亚于小时候第一次玩火柴。如果有客人来蜗居吃饭,我就更加乐意颠出巨大的火焰来。其结果是灶台前面的墙上，真的留下类似蔡国强作品的痕迹。

其实这种能把人唬住的技能，要诀不过是多放些油，把火开到最大。餐馆里用的锅比家常铁锅要薄，火力有鼓风机的缘故，也比家常燃气灶的气力要大，最终也是为了利于颠锅，利于制造一些微型的爆炸试验。不如此，炒出的菜难以有“镬气”。每天颠锅最大的快乐，在于端上一盘菜的时候，静待老公吃一口，然后逼问他：“味道有没有和以前不一样？是不是和餐馆爆炒出来的很像了？”不知道是刑讯逼供的缘故，还是真的有所不同，得到的答案一般还是令人满意的。

但是咳嗽把我从迷狂当中惊醒了。作为西南流的厨子，辣椒、花椒等自然必不可少。家常炒法这些原料已经足够呛人了，再经过锅中火焰一激发，呛人程度顿时就有了几何级数的增长。如果我们住的是有外籍人士的高尚社区，可能这些烟雾就足够让我们被告到业委会的了。好在这个70年代老年社区，葱花呛锅的味道那是经常杠杠地冲撞饭点的鼻子，大概我们家厨房的味道只是稍微过分了那么一点儿。家里的民用抽油烟机，应对这种军用级别的香味，明显力有不逮。但是颠锅这种行为，又会让人有瘾，好像强迫症，吃过颠出来的菜，再回去吃炒出来的菜，心中大有不甘。报章上还有报道说，厨房油烟是肺之一大杀手！

在这种时候，口罩就闪亮登场了！工业防护级的口罩果然不同凡响，烟火气的刺激被减轻了很多。但是刺激减小之后，有时会恍然担心火候是否不到。话说五感的联合的确非常重要，一旦那种熟悉的刺鼻香味被口罩隔离，就会失去平衡感，更会影响判断力。那么多电影讲大厨失去味觉以后的惨状，其实失去嗅觉也一样凄凉。

口罩在装备正规的饭店后厨,肯定也是必备物品。虽然我和夫君心中向往的一直是路边店叼着烟灰一颤颤的一支烟,大力颠锅的乡野厨子的形象,但现实地想想,还是卫生好。尤其是那些很刺激的香辣料,是很容易让人打喷嚏的啊!所以说,口罩不仅可以防流感,还可以在厨房里保卫你和家人的安全。

砂锅

去看文物展览,我最热爱的是各种器皿。每当看到河姆渡人的陶锅陶盆,心中就一阵激动:“啊!祖先们的烹调用具”,“啊!那时他们吃些啥呢?”这些陶器,算起来应该是源远流长的文化的一部分啊,因为到今天我们仍然在用着敦厚朴实的砂锅。而砂锅和上古陶锅之间,毫无疑问有着不可割裂的血脉关系。所以超市里的最普通的砂锅,价钱虽然很便宜,但一样值得尊敬呢,它们的祖先曾经侍奉过我们的祖先!

最早最早的时候,砂锅其实还没有被用来直接烧菜。考古学家们有记录,陶器早年间烧好以后,不是用来直接烹饪的,而是用来当容器。不少地方流行的石头菜,是在烤之后,煮之前的一种重要的烹饪法。著名的“江石滚肥牛”一类菜品,即是个中代表菜物:鹅卵石烧到高温,一下投入汤中,顿时整锅沸腾,切得薄薄的肥牛霎时变色,吃的时候不用想别的,只要不要烫到嘴就好。像这样的菜,在现在吃起来超有噱头,有声有色,像表演唱一样,属于表演菜。而上古的人们,可能每餐饮食就都要经历这样的娱乐单元,就连烧水,也是“哗”一声把烧红的石头扔到尖底的陶瓶里,等水沸腾。想象当中,虽然物质不够丰富,但好像过得也苦中有乐的样子。

后来终于有了“煮”这个活动，所以器皿的底部开始变圆、变平，好满足火上烧煮要求的最大的接触面积。砂锅也就变成我们现在所见到的样子了——至少形状上是这个样子，当然材质还是千差万别，颜色也各异。湖北流行的一种砂锅，是铁灰色的，据说烧制的土里有各种微量元素，材质也比一般的砂锅要有所不同，颗粒更大。不过据说这种砂锅炖出的莲藕排骨，才是真正的湖北味道，其他锅烧出来的，只有其形而无其神。所以砂锅这个东西，简直好比神圣的气息一样，能给菜肴煮进去灵魂。新科技开发的电砂锅，虽然没有柴火氤氲，但似乎还不错，大概能算是传统与现代一次不赖的结合。

对于古代一般人家来说，铁器都是很大的一笔支出，能有一口铁锅的人家并没我们想象的那么多。砂锅才是厨房里的当家工具，而且就算是便宜得多的砂锅，小户人家也要精心养护，让它尽可能长久地在家里的灶堂间颐养天年。《齐民要术》里专门有一段，就是教大家如何养护砂锅，让它更加耐用。砂锅买来以后，要先用动物油脂涂上一遍，最好是牛羊脂，没有的话猪油亦可。贾思勰盛赞那些服务周到的瓦匠，烧出来以后立刻就给涂上油——“新出窑及热脂涂者，大良”。要是既没有涂油，买砂锅那天还遇上下雨，贾思勰就直接对你表示遗憾了，这样你的锅就用不了多久。如果在晴天买到了没有涂油的锅，那还是可以补救的，在火上把锅烧热，把凝结的油一小块倒进去，慢慢旋转，伺油脂化到锅壁每个角落，就可以从火上拿开。拿热水装在锅里，放一两天，用的时候再洗洗锅，这个锅就可以持久耐用了，除非被“打破沙锅问到底”。

锅铲和铁勺

经过4年在铁锅里的高温历练，我们家的不锈钢锅铲终于有了岁月的印记：在铲子右下角卷起了一个小小的窝儿。那个地方，是我们在炒菜时整个锅铲最经常与锅碰撞的部分，也是每次把菜从锅里盛出来的时候，最后会敲一敲的部分，好把铲上最后一点点菜弄下来。

这似乎并不是坏事。每把驰骋在铁锅当中的锅铲，都应该有自己独特的弧度。要经历多少油、肉、菜、锅的碰撞，才能出来这样一个小小的窝儿。我记得父母家用了几乎一辈子的锅铲，不但起了很大的窝，而且还从梯形变成了不规则四边形。实际上，这把锅铲因为这个独特的弧度，而变得更灵活更好用了。比如说最简单地，煎一个鸡蛋，平平的铲子在翻面时不如这个有弧度的好用，因为那个小窝儿好像一个倒钩一样，稳稳地就把蛋固定住了，更容易翻过来，而平铲子的摩擦力就要差一些。在那把铲子还是全新的整整平的时候，如果要做豆腐，尖锐的铲头可能会在锅里把豆腐搅散得一塌糊涂，而用出弧度的那一侧，就要柔和得多。那是一种堪称百炼成钢的绕指温柔呢，而且全部是自家锻造，没有一个店里买得到。锅铲之间的关系，也时常让人想到家庭关系，总是在互相碰撞之中，彼此做些转圜，最终就和谐了。

专业的厨师好像都不屑于用这样的锅铲，光是铲的形状就很容易让人想起热血沸腾的军训——某些像我一样体力不支的人在这种沸腾的时候就被打发去厨房帮厨了，巨型铁锅里赫然放的就是一把如假包换的铲子，上灶台能炒菜，下地里能挖土。专业的厨师们好像都用马勺，的确他们也用不着像我们一样用锅铲在锅里搅来搅去，急火快炒只要颠锅技能过硬就行，马勺最大的作用似乎只是轻轻挑起各种调料。这样更能显示出他们的专业了：那么大的铁勺！那么少的糖！那么一点点盐！居然都能一下子把分量弄得恰到好处！

在过去的时候，不论是锅铲还是铁勺，对于平常百姓家来说，大约都是一笔不小的财富。砸锅卖铁固然是一种决绝的姿态，但隐藏的可能是铁勺的悲惨命运：锅兮不存，勺将焉附！六七十年代出生的人可能都看过一本叫做《小布头奇遇记》的童话故事，里面就有一只英雄无用武之地、只能用来煮粥的大铁勺。

而铁勺大概和刀一样，对于一个厨师来说，有着独特的难以取代的意义。想想那些曾经走家串户的上门厨师，一般都会在背后背上几把菜刀，还有一把自己的勺。正如用惯了的刀，能够提升速度，用惯了的勺，也更能把握味道。而起着可爱小卷窝的铲子，在这个意义上说，也可以骄傲地加入它们的行列。

但是家用铁勺并非就无用武之地，除了舀汤粥之外，还有一个功能，每次想到都仍然有口水从舌根涌出。那就是用铁勺来做蛋饺，直接将勺放在小小的火上，一汤匙的鸡蛋液倒进去，荡一荡，正好铺满整勺。趁蛋液未干，速速将调好的肉馅放入，翻起已经凝结的蛋液封口，完美的一个蛋饺！

砧板：多少血腥假汝而行

吃饭是件快乐的事情,而做饭则是件残酷的事情。通常非食素家庭的厨房在分解肉类的过程中,会呈现出犯罪现场的可怕景象,墙壁上搞不好会有飞溅的血渍和肉渣。北京的超市里售卖排骨时,经常很豪迈地一扇肋骨一扇肋骨地卖,总有很多上了年纪会精打细算的老大爷老太太围拢在肉山周围,把巨型的肉扇买回家。二人世界或者三口之家的主妇如果经验不足,厨房刀具不够发达,千万不要头脑发热跟在这些生活经验丰富的老一辈后面,买这样巨型的肉回家。处理起来会很痛苦,对膂力要求很高,要剁啊剁啊剁很久,吃也要吃很久。过程是这样的:一条黑影,不停地举刀劈下,又劈下,血肉四溅。如果配上希区柯克悬疑风的音乐和回荡的狞笑声,完美了。

像这样的惨景里,斩骨刀自然是头号凶器,砧板则是二号凶器。现在的厨房里经常使用竹砧板和塑料砧板,切普通的肉和菜自然没有问题,不过逢到砍骨,这些砧板还是显得不够专业。竹砧板听上去就有伶仃之感，无力消受坚硬的骨头在其身上蹦跳，随着斩骨刀残忍地上下运动，跟着弹跳起立的情况，也是有的。有时候一刀下去，竹纤维搞不好就被斩断了，十分凄凉。

塑料砧板观感很差，虽然在很多大超市都能看到它的身影，的确从成本上来说，也是第一选择，但实在是很容易给人不自然不健康的感觉。塑料的东西沾了油总之不太好洗，用来充作血腥切割活动的底板，会渐渐将那些充满波普艺术和玩具感觉的砧板变得肮脏不堪，颜色也会越来越黯淡。这种本来以色彩鲜艳表面清洁见长的物体，就会变得面目相当可憎，直接影响做饭的心情。

柳木墩据说是最完美的砧板，木头硬而有弹性，长用不会留下明显的印痕。我记得小时候家里的砧板是很重要的大件，价格不菲，很大一块木墩，刚买回来年轮清晰可见。慢慢“挨千刀”过后，会有细细的印痕。这种木头砧板，还要找铁匠给做一个箍，箍上一般有把手，可以挂起来。因为如果砧板长期不用，有可能会裂开，木墩砧板都很沉，所以通常就是固定地占据一个地方，有把手也不挂。在沉甸甸的砧板上斩骨砍鸡，砧板自岿然不动，相当有成就感。后来的竹砧板不管怎么样，也不如木墩砧板稳重。

现在我父母家里也改用轻质的竹砧板了，年岁大的人没有那么多的大鱼大肉要吃，竹砧板足够使用了。不过好像还留着一块坚如磐石的高科技砧板，很巨大一块，从来没有拆开使用过，非常重，搬动起来要费一番力气。这是当年某个春节时候，我妈妈的学生送给她的礼物。学生家长工作的地方本来是个军工厂，赶上军转民，就转产砧板。用零碎木料高压冲制成型的砧板，非常结实，据说还有很高的科技含量。但后来似乎也没有打开销路，也不知道现在那个厂是否还在生产砧板，或者厂本身是否还存在。

黄酒进厨房

古代英雄们常常要叫嚣,“对酒当歌,人生几何”,但是看看那时候的日常生活指南类书籍,这句话的豪气就要打几分折扣。“押”、“筛”是那时人们喝酒避免不了的动作,简言之就是需要过滤。长衣飘飘的虬髯客们,不一定都能如同画中人一般,抬手举起酒坛子,牛饮而下,豪气干云。至多,是酒家筛出一碗,或者三碗,粗瓷大碗装着的酒,分批喝下。于是豪饮的气概就差了那么一点点,但在那时,一样也能打出“三碗不过岗”的招牌来。

“白酒”这个词,要一直到宋元以后,才指的是经过蒸馏的“烧酒”。之前的酒,大抵都是各种粮食发酵而成,不经过蒸馏程序,酒里有糟。如今的“醪糟”、“甜酒”其实都是这种原始白酒的一种,不过古代的米酒经过种种处理,度数能更高,甜度也能降低。那时候的白酒,纯然是酒的颜色,白酒就是酒色发白的酒,不算是顶级的酒,但也还不错。《红楼梦》里芳官能喝上不少的惠泉酒、白酒,总归说起来都是一种米酒,黄酒也是其中一种。

所谓的“一壶浊酒”，指的便是这种怀旧米酒。“押”和“筛”，这些今天要进课本注释的动词，也是因为此种酒各有贵贱，便宜的酒自然就有些混浊，需要把里面夹杂的酒酿过滤掉。当然也有十分昂贵的酒，酒酿酒味浓郁，让人不忍扔弃，干脆一并服食。魏晋之前，最大的量不过是一壶，一壶又一壶地喝下去，可以喝到一斗的人，就算海量了。

现在江浙的人们还是乐于饮下这些用古老的酿酒法制出的黄酒，每年秋天螃蟹与菊花同肥的时候，还会有更多人想要温一壶，温暖大啖蟹膏的胃。但换个时空，曾经让无数诗人尽折腰的古老米酒，就好像只能被请进厨房，和殊不风雅的酱油醋为伍。我猜想，它心中一定很悲苦吧，曾经是“何以解忧，唯有杜康”，现在变成了“何以解腥，唯有杜康”。

黄酒大抵在酒被发明出来以后不久，就已经一脚踏上了厨房之路，再也没有出来过。多少古代菜谱里，但凡遇到肉类，动辄就是半斤或者一升酒倒下去——如著名的东坡肉，就是纯黄酒烧制，焖够时间就汁自浓来味自香。

厨房里最为大众喜闻乐见的自然是料酒，料酒里除了做底的黄酒，还加进去花椒一类香料，用来做菜自然是香气四溢。也有厨房龟毛主义者，会对料酒里已经配好的香料分量表示不满，他们选择纯黄酒，然后自己在做菜的时候再根据菜品需求另放香料。因此料酒有时也默默地承受着挑剔的眼光，被目做厨艺业余者的选择。

东汉的崔寔要是泉下有知，大概要为料酒的悲惨遭遇掬一捧辛酸泪。在他写的《四民月令》里，彼时加了花椒的椒酒，是过小年时敬奉长辈、五月敬神上供的佳酿。而如今“君子远庖厨”已经蔚然成风，连纯黄酒的地位都一落千丈,加香料的酒更是沦为听上去就颇为平庸的“料酒”。早年间,它们既可下厨房,又可出厅堂,为豪士们所爱,现在,就只能变做厨房里的恩物了。

如何消残酒

按照古诗词的指点,“浓睡”应该是“消残酒”的最佳方法。前些年爆红的好莱坞恶整片《宿醉》的众多男主角,很明显就是没有掌握这个诀窍。不过喝剩下的“残酒”怎么办呢? 拿来做菜应该是最好的选择,可谓是肉类菜肴的最佳伴侣。各种不同的酒,绝对可以打破料酒一统天下的呆板格局。

我刚上大学的时候,人们对于我家乡的认知还停留在一种“哦,出茅台酒的地方!”所以经常会被问到酒量如何之类的问题,我只好赧然地说自己酒量甚差,喝一口面部毛细血管就要爆炸。这大概是遗传,因为我父亲也是一口下去便立刻脸红心涨。但逢年过节,亲戚朋友们互相往来,总还会有一些茅台酒巡游到我们家。之所以说巡游,是因为有一次我发现我姑姑拿到我们家的一瓶茅台,和我们前些天送给我伯父家的貌似就是同一瓶,包装盒上被我不小心弄上去的圆珠笔道道,历历在目。

这些巡游而来的酒,大多数会在一种叫做“请客”的场合消耗掉。

虽然我们一家在喝酒方面非常笨蛋，可是我爸爸和我妈妈的好朋友们，和我们家的亲戚们中却颇有一些好酒之人。不过就算是茅台，有时候也会在杯盘交错中被漏下“福根”，没有被喝完——这绝对是茅台酒厂上市乃至在全国那么走俏之前的事情，在改革开放之前，作为本省人，茅台酒的面目并没有镶金边似的那么金贵。如今恐怕不管怎样挣扎，都会把剩下的那一点点喝尽吧。不过以前在我们家喝过酒的那些人，如今有些已经离世，就连我的表哥们也已经开始要准备颐养天年，他们早已远离酒桌了。

那点剩下的福根，就拿来做菜了。不知道是不是心理作用，茅台酒炒出来的回锅肉当真比用其他酒炒出来的香。回锅肉爆过，放下蒜苗等调料，火烧得最旺的时候，沿着锅边，浇下去，一颠锅就能有熊熊燃烧的火焰好像牡丹花瓣一样剧烈地从锅里迸发出来，同时传出一股浓烈的酱香。后来用其他酱香型的高度白酒，虽然也香，但是没有茅台香得让人震惊。相比之下，我感觉西南辣味菜肴，用高度数的白酒来处理绝对比黄酒和料酒要更好，能够带出辣味深处的香气，有金戈铁马的杀伐之气，很纯粹，很彻底。现在我手边用的，是朋友送的写着 XO 的某种威士忌，也相当不错，用来做鱼肉尤其出色。

前一阵在家里招呼朋友们吃饭，又剩下了一瓶有大料、茴香的佐餐红酒。用这种红酒跟威士忌加不至于到滚开的热水一起来处理牛百叶，有奇效，腥膻味道一扫而光，而且还增添了脆嫩感。用来炒菜就嫌稍甜了一些，倒是威士忌用来炒菜效果相当不错，已经让我们家的料酒被冷落了许久。

反勾芡主义者

勾芡，对于一个厨子来说，乃是相当基本的童子功之一。说起来简单，不过是水淀粉的浓度和稠度而已，不过真要做起来，水淀粉怎么倒，炒勺怎么搅，度怎么掌握，还都是问题。一不注意，就会黏成一堆糊糊。用什么样的淀粉来勾芡，有时甚至会成为一个学术问题。大概因为勾芡意义实在重大，淀粉有时候直接就被叫做芡粉了。黏稠的菜汁对于某些胃口来说，似乎有着风月宝鉴里伸出一只指头做勾魂姿态的凤姐的效果。于是勾芡渐渐地在很多菜系里，都变成了和淋明油一样重要的步骤，不如此似乎不成一盘菜。甚至于汤和羹之间的界限也越来越模糊，汤变得越来越不清澈，喝起来阻力很大。

也正是因为勾芡兹事体大，勾芡的时候有种如履薄冰的感觉。看到“二流芡”之类的学术用语，就有些胆寒。对这种自己经常发挥不好的技术，渐渐就演变出了讨厌的态度。其实小时候我爸爸也手把手教过，但是有时候他老人家都会失手。罢罢，想来自己也不能完美地实习这项技艺，索性放弃也好。后来还很欢喜地发现，夫君也不喜欢勾芡，于是两个人就兴高采烈地一起做一对反勾芡主义者了。不勾芡的蔬菜清汤，不勾芡的鱼，不勾芡的肉，多么清爽。

仔细想起来，遵守古训，羹自然是应该要勾芡的。在台湾吃到的电影《艋舺》里的鱿鱼羹，就勾了不薄的芡。至于古老肉、松鼠鱼之类的菜色，没有芡，也就无法将味道裹上去。不过，还是不能理解在某些餐馆里，芡如何从一种工具性的技艺，变成了实质性的审美追求。不管什么菜都必先勾一下芡，不给清澈的菜汤留任何余地，一定要有浓浓的汁才觉得看上去很好吃。这大概是一种对于造型的追求吧，上善若水的菜汤貌似相比之下显得太没有造型感了。说起来最近这些年兴起的分子厨艺，有时候也让我想起勾芡来，只不过是用海藻凝胶来造型，把食物的外形陌生化，强调视觉感受。我觉得这其实有些喧宾夺主，说到底，口舌的触觉对于吃饭来说才是最重要的。

反对勾芡的理由很多，还有一条是淀粉的热量也不低，勾芡过分的菜肴，也会导致热量摄入过多。这就和淋明油的道理一样，为了好看而增加更多热量。不过也可能在老祖宗给我们的遗传基因里，这些不健康的因素，都像亮闪闪的路标一样指向——好吃！就好像年纪大一点的人总会觉得猪油酱油拌饭最好吃，动物油的味道无法替代，但新一代的小朋友有的已经闻到动物油的味道就要反胃了。

其实很多食物不用勾芡，也有黏稠的效果。土豆、山药之类淀粉质自然不用说，蘑菇、西红柿也能产生如此效果，尤其是炒菜的时候十分明显。也许那些食物天然带来的黏稠感，也是人们后来要热爱勾芡的原因。所以，反勾芡主义者反对的其实不是黏稠，而是芡。过分讲芡，那就是所谓“见月忘指”了吧。

厨房里的数学

每逢要跟人分享做饭心得的时候，就很窘迫地发现，关于厨房的量词，我的储备量真是很少，貌似常用的只有“少许”、“一点点”、“指甲盖大”……这可能说明，心底深处，我给厨房中事和实验室做实验之间，划上了严格的界限，太过于相信那些“道可道，非常道”的说辞。

对于做饭这件事，我一直都采取一种蒙昧主义的态度，比如十分相信所谓“盐感”，也就是放盐完全凭手感，坚信自己的经验能够带来最完美的咸淡。所以我们家也没有什么分量严格的量器，那些克、毫升之类的量词都离我们很遥远。当然，这样做饭的结果就是会充满了惊喜。比方说和面的时候，如果手感失常，就会陷入面多了加水，水多了加面的死循环当中，最后包出的饺子，大大超出预想的数目之外——当然很可能每一个的馅会相应地少一些，吃起来充满了悲剧感。

在厨房里学习数学，其实是非常必要的。这种传统，也是源远流长的。并非只有德国人在厨房里放各种量器，泱泱中华古代的食书里，对各种计量标准，也是有明确标注的。唯一的问题是，现在看来，那些食书所描写的分量，如果不是面对食物生产小作坊，也该是面向几代同堂的大家庭。动物的计量基本靠头或者只，蔬菜和调料都是升或者“合”——类似于旧社会卖米时候用的那种量具。好比《金瓶梅》里，想吃猪头肉了，动辄就是一整个猪头抹上酱来炖，一炖一个时辰，委实豪放！咱们当代遵守计划生育政策法规的核心家庭，一般也就3口人，这些古代料理传说和指南明显需要做一些除法，来找到合适的量。不过，分量变了以后，火候也要发生改变，可是火候这种事情，又不是简单的除法就可以搞定的。啊，厨中秘术真是让人困惑啊。

粗略算来，元代以前，厨中术都不是士大夫阶层该关心的事情。“君子远庖厨”不光是一种伦理道德上表示同情心的姿态，也是一个家庭当中男女有别的标志吧。像东坡那样留下那么多谈做饭文字的文人，并不多见。明清更替之时，冒辟疆将生活中一点一滴写成文字，细细回忆董小宛日常所做美食，正与李渔讲究生活方式的《闲情偶寄》差不多同时。他们的作品，抒发感情更多，而实战经验不多。但袁枚后来的《随园食单》就截然不同，操作性要强太多了。假如那时有书评榜单，那这本书一定要登上生活人文类的榜首，而且一直停留下去。袁枚简直好比一个有计量崇拜的德国人，连切葱精确到120节，水要开成怎样的3滚，都交代得非常清楚。

也许是因为我太久地处于厨房数学蒙昧状态，乍看袁枚有厨房用书之启蒙主义风格的《随园食单》，反而有些不适应。比方说，如何将葱切成120段？这个问题困扰了我很久，前些天终于从一位任职中科院某科研机构的大哥那里得到了答案，原来就是 2 的 7 次方！不断对折切 7 刀，就可以得到 128 段葱！唉，文理分科不但对国家发展大计有碍，还影响到了烹饪术之修习。

厨房里的大时代

虽然说“趣味无争辩”，但大多数时候，很多人觉得最好吃的还是妈妈小时候做的味道。最保险的莫过于拿一本祖传菜谱，条条缕缕严丝合缝地跟着做。认识的一个美国老爷爷，乃是美国某州民主党闻人，也是厨艺爱好者。在他家暂居的时候，每周末都会办 brunch 聚会，每次必有蘑菇锔蛋，咸淡火候几乎每次都一模一样。第一次吃觉得很惊艳，第二次就有点迟疑，第三次吃了一口，确定果然还是一样的。这样固然很温暖，安全感十足，但吃多了恐怕有点腻。

有很多人和我一样，有一条不安分的舌头，总希望能吃到不一样的东西。所以，厨房里的冒险还是必不可少的。现在的厨师应该会很怀念新大陆刚刚被“发现”之后不久的时候：那是一个新的食材源源不断从大洋的那一边横跨半个地球，从不同的路径来到厨房的年代，每一个新鲜登上厨房舞台的食材，都有可能创造出一番奇迹。

没有哥伦布，川菜要为之变色，如今大热的辣椒的红色不会出现，反而可能会是青色的，也就是青花椒的颜色。我记得以前在成都吃过的

"三国宴"号称严格复古，剔除了辣椒，"椒麻鸡"的调味汁回复到了有点浅的青色，乃是青花椒和白芝麻一起研磨而成，香得很内敛。遥想假如是那样，我们依然吃着"羽扇纶巾"年代的吃食，不知是怎样一番景象啊。恐怕后来的湘菜、云贵菜系、川菜都是一番不同的面貌，可能富贵开花的海参、鱼翅之类食物，会一直统治着西南豪富贵胄的家宴，但传说中的"宫保"、"香辣"之类的做法，就算顶着同一个名字，也会以不同的方式出现了。

一样的道理，意大利面也可能暂时只能停留在"白酱"的年代，来源于番茄的"红酱"诞生的时间就要大大延后。西红柿不知什么时候才会获得印加或者玛雅或者其他美洲语言之外的名字，更不用说进入英国的皇家植物园，最终跳上人们的餐桌。就算在一些如今看来最平常最不起眼的食物的背后，恐怕也有着一段壮烈曲折的经历，比不上《魔戒》但至少也堪比偷取金羊毛的故事。番薯就是如此，有一本叫做《金薯传习录》的书，讲明代之中华人士如何从西班牙殖民治下的吕宋，把番薯块根偷偷藏起来带回中国的故事，相当斗志斗勇，可歌可泣。之后的事情我们大家也都知道了：番薯让中国人多了一种粮食，对饥荒有了更多的抵抗力。甚至还有人将后来的人口增长也归功于番薯，这当然有待史家的研究了。

仔细分证起来，每一样食材都有可能从盘子里起身，夫子自道，给你痛诉革命家史。这其中大概可能会有一勺糖背后的种植园黑奴苦难史，也有可能是一颗胡椒背后整个欧洲的贸易历史。不论是哥伦布，还是十字军，他们前往各自的东方，驱动力之一就是对调味料的渴望。而他们的冒险，除了血雨腥风之外，最终总会留下一些深入唇齿，如深层地震一般改变人们心目中对食物世界地貌的印记。

高汤之高

味精这些年的运势似乎大不如前了，电视上很少能看到味精的广告，倒是鸡精、蘑菇精、鸡粉之类的替代产品更加活跃了起来。报章里也有很多对于味精的使用指南，如高温之下会产生致癌物质云云，颇有惊悚效果。外国友人们对这种来自于粮食的化合物也很紧张，哮喘心悸血压升高……诸种症状都有可能发生。如今一起出去小聚，朋友们都会如临大敌一般地嘱咐店家，千万不要放味精！还有兴趣在家里下厨的人们，大概也将这种 80 年代生活必需品视作野蛮生活方式的残留，慢慢地挪出了厨房。

当年和这种化合物一起走红过，但更早被抛弃的还有糖精。说起来这二者还有些其他的共同点，在那些物品匮乏的年代，能够同样粗暴地满足口舌对于滋味的要求。粗暴的满足，带来的后果都同样是口干舌燥。十分粗暴大大超量的话，还会嘴里发苦。好比劝世老故事里，过分贪婪，就算一夜暴富、锦衣玉食、芙蓉缀锦，但天道报应不爽，总会有苦果一枚在前路上等着。

小时候家里订阅有《少年科学画报》，上面讲过中国发明家吴蕴初如何为了平一口民族自强之气，独立发明出了可以抗衡日本“味之素”的味精。在他的研究之路上，充满了阿基米得为了测量皇冠含金量，终日忡忡恍惚的情节，最终在一碗面（或者馄饨?）里发现了后来的中国民族工业自产的味精的奥秘。依稀记得，他好像当时就从面铺里冲了出去，画报上还是连环画形式，看得我也激情澎湃，那天晚上吃饭偷偷往菜里放了好多味精，结果一家人一夜都口干舌燥，连连喝水。

越是有这样深刻的味精记忆，它现在的命运就越是显得有些凄凉。只不过，在没有味精也没有味之素的漫长岁月里，人们一样有办法提出菜肴的鲜味。高汤基本上就承担着这个功能，没有添加剂，没有防腐剂，没有过量的盐，纯正全天然，实在是宴席与家常菜烹制之良伴。

熬制高汤，乃是旧年厨子的基本功之一。一只结实的鼎罐，一只炭炉，足够的炭，则是最最基本的设备基础。硬木烧制，密度大，敲击起来有钢铁般铿锵之声的炭用来熬汤最好，盖因此种炭烧文火最佳，可以让汤在时间的揉搓里慢慢变得浓厚。而用什么来熬汤，则是每个厨师的不传秘奥，几乎是他们金不换的招牌。不论哪个菜系，要吊出好味道来，一口好汤必不可少。一般来说，骨头和肉类必不可少，猪、牛、鸡、鱼皆有可能，有的可能会加火腿，有的可能会加咸肉，有的会加虾干、鱼干。笋和菇之类能熬出鲜味的菜蔬也有可能，还有可能会加黄豆或者黄豆芽，但菇类有时太夺味，恐怕不经常用，或者用量要十分讲究。香料也必不可少，一般都会加姜葱，不过也有地方会改用其他小茴香之类。也有专门为食素者准备的高汤，就只有菜蔬和香料。总之是不能太浓，但也不能淡而无味。而用来熬汤的材料，最终命运却好比“药渣”，精魂被榨干之后就被抛弃。

高汤之于食用老汤，区别颇大。高汤就好像金牌配角，永远只是为了当背景而存在的，职责就是当好这个配角。老汤则是饭桌上阴恻恻做开胃或者总结的角色，有独立存在的价值。高汤的最高境界，可能就是博尔赫斯所说的“仿佛水消失在水中”那样，和菜完全融为一体，你感觉不到它的存在，但是这道菜因为高汤的缘故，瞬间有了灵魂。而味精那样的工业时代产物，想要替代高汤这样神圣的作用，简直就是不可能的。

最为典型最能说明高汤之高的，应该是川厨名菜“开水白菜”。秘制的高汤还要用鸡茸或者鸡血来澄清，把熬出的汤里所有的杂质都滤走，行话叫做“紧”。“紧”过的汤清澈透明，乍看好似水一般，但味道全部都在里面，用来煮最嫩的黄芽白，煮菜的汤弃之不用，煮好之后再用“紧”好的汤浸透，方才上桌。这样是“素菜荤做”的巅峰了，只是太让食素人为难了些。《红楼梦》里贾宝玉被政老爹暴打之后，巴巴地想起来要吃的小莲蓬，也是要用高汤吊的，吃的其实是那些看不见的骨肉菜蔬的精魂。

现在也有一些打着“浓汤”之类旗号的调料，只能说，没有味精那样赤裸裸。细细吃起来，还真是只能作为速食，一口下去就仿佛有小高炉和生产线在舌根轰鸣起来。安迪·沃霍尔经常画的金宝鸡清汤，大概是这类速食汤底的前辈吧，倒好一股方便面调料粉调出来的味道。

有时想想,倒很想大声疾呼,剥夺这些东西使用“汤”这个字的权利。它们想要僭越高汤的地位,看上去好似比味精要容易一些,但其实只不过是五十步和一百步的区别。

粮食

哀伤的稻米

跟小麦比起来,稻谷可能是比较吃亏的。西北能做出一桌子各色各样的面食,而且引以为傲。但是南方虽然可以做出类似的一桌子各色各样的米做的食物,但似乎气势上就要差一些。光看看方便面和方便米线、方便米粉在超市货架上明显不成比例的供应量,就能明白,除了米饭之外,米做的食物其实很非主流。这种趋势在北方尤其明显,我们家附近去年开的一家云南米线店,直到现在,店主仍然要经常面对“米线是什么? 是面条吗?”之类的问题。如果没有大量北上的南方食米族,云南米线店们在北方恐怕前景堪忧。现在,米线店老板娘已经学会在面对这种问题的时候对答如流:“米线就是用米做的面条!”

我虽然热爱吃面,但每吃手擀面总会犯胃酸,倒是米饭从来没有让我有任何的难受过。至于米打成浆以后做成的米粉、米线、米豆腐,米和糯米一起做的年糕,发酵的米浆做的发糕(我老家叫做碗儿糕,四川也有地方叫做蒸蒸糕),乃至诸种糯米做的食物,那都是我作为一个有南方口味的人心中不可改变的食物坐标。在西南，面条文化亦十分发达，但更多是拿面条来做早点，正餐还是要吃米饭。更有一些乡间，是早上起来就要吃饭的。袁隆平爷爷的杂交水稻实验的目的，是让更多人吃饱，吃的也是稻米。

但是不知道为什么，很多人对面食为代表的北方食文化有着莫名的向往。很多人固执地认定，馒头就是比米饭养人，吃面对胃好，还可以养心。稻米的弱势地位甚至有考古学证据为证。中华泱泱5000年里，其实小麦是在倒数第二个一千年，也就是公元前2000年左右，才经过西亚来到中国，先定居西北，后来传到中原。那时中原的主食乃是黍，也就是小米，稻谷后来也传入了中原。彼时中原气候温暖——还曾经有大象骸骨出土，这些物种应该都长得不错，人有粮食，养的猪狗牛羊也都有粮食吃。所以北方人很容易搞到肉吃，贵族们下葬和祭祀祖先的时候，还能有“太牢”、“少牢”尚飨。据说吃肉还能刺激大脑的发育，所以中原地区吸收各地文化精华，发展出了精致的青铜器制作技术。

而长江中下游的人们种植的作物却只有单一的稻谷，虽然稻谷也有各种亚种，但是一旦有影响稻谷收成的自然灾害，人们就只有饿肚子的份，搞不好整个文明就此瓦解。南方人也没有那么多肉吃，长江中下游主要的肉食来源是渔猎，一样是非常脆弱的食物来源，只有良渚文化曾经爆发过养猪热潮。很多南方人不适应牛羊肉，嗜好猪肉和鱼肉，恐怕和远古的味蕾记忆有关。而良渚文化莫名消失之后，长江中下游的老祖先们又默默地恢复了渔猎。而北方中原人却一直有各种主食和肉吃,还能发展出“克己复礼”的“礼”的制度来。中原文明最终成功变为中华民族主流文化,忠于稻谷的南方人后来却慢慢变成了中原文明那里的南蛮百越。对于喜爱稻米的人来说,这段远古的史实,真是一个悲伤的故事。

小麦的慰藉

从冬至开始,就进入了漫长的三九寒冬,北方讲究在冬至这一天吃饺子。按照中医医理来说,小麦有镇定安神的作用,正适合干燥寒冷的冬天。而且饺子简直是北方中国各种重要日子的必备食物:除夕自然不必说,热腾腾的饺子几乎是电视上过年的象征;入伏的第一天,也要吃饺子,这样能滋养盛夏;冬至仍然要吃饺子,不然会冻掉耳朵。而面粉几乎在生活的每一天里都在滋养着我们,就算是吃稻米的南方人,也一样离不开面粉:面条、包子……更不用说面包、蛋糕等各种点心。

小麦是这样一种植物,八千年以来它一直和人类的生活息息相关,从中东的累范特(Levant)新月沃土开始,蔓延到地球各处。如今它仍然是地球上种植量最大的粮食,远远超过了玉米与稻米,养活着世界人民。也许正因为如此,八千多年沉积在舌尖和消化系统的小麦的记忆,渐渐地变成了心里的慰藉。小麦慰藉着我们的胃,还有我们的心灵,就好比太阳一如既往地照耀在我们身上。

面粉能演变出千变万化的吃法,其中对口感和分类起着重要作用的，乃是其中蛋白质的含量。而蛋白质的含量，确乎与小麦的产地相关，越干燥的地方种出的小麦粒越硬，蛋白质含量越高，磨出的面粉口感越致密，也就是俗话说的筋道。所谓的高筋、中筋、低筋的面粉分类，也就是和小麦的蛋白质相关。这些看似只应该让面点师傅关心的名词，描摹的却是面粉的口感。

从小麦到面粉，再到最终做成各种食物入口，不啻是一次长征。如果遇上储存期长一些的小麦，长征的时间就会更加延宕。在这个漫长征程的最后一段，便是小麦最大的魔术。“和面”这两个字，和所有的中文词一样，包含着极为宏大的内容：加水，加多少水？发酵，发酵到何种程度？还有可能涉及加油、鸡蛋、牛奶、碱……无数种不同的配角。当然主角大抵不外是面粉和水，顶多再加上酵母，不过为了让这三个主角在舞台上做出人们最热爱的演出，有无数的努力要付出。

拿西北人民热爱的拉面来说，面条的拉抻不断，不但来自于师傅们千锤百炼一般揉搓摔砸的面团，也来自于秘制的“蓬灰”。“蓬灰”其实就是草木灰，科学分析“蓬灰”中起作用的成分，不过是名字冷冰冰的碳酸钾，起到的作用与食用碱相当。但是特定的植物“蓬蓬草”烧成的灰，有独特的风味。此外，盐也是让面条变得更为柔韧的原因，是谓“盐是骨头碱是肉”——传说中的拉面秘籍。还有更为令人发指的手段，则是在面粉中加入大剂量鸡蛋液，用加大蛋白质含量的方式，来让面条变得如同橡皮筋一样弹，入口能够让牙齿感觉到切实的存在感。所有的一切，不过是为了提高“筋”这个难以捉摸的程度，因此传说中麦粒中心的部分，能磨出最筋的面，于是也变成了小麦所谓最黄金的部分。

高筋对于面条意味着牙齿上的弹跳,而对于面包和馒头就意味着丝丝如白云般的膨胀,同时每一口吃下去,都能提供咀嚼的快乐。在高筋面粉的旅程中,揉搓必不可少,那是面粉变形记中必经的一关。虽然如今机器已经能够替代人力,但是一双在揉搓面粉时让人挥舞汗水的手,能够给食物带来的味道,大概在心理上还是无法由机器替代的。

但这一切,并非意味着低筋就一无是处,蛋糕等蓬松而富有颗粒感的食物,是无法用桀骜不逊的高筋粉做出来的,它们的柔顺只能由低筋粉带来。那些面粉的无力是如此地需要呵护,所以在做蛋糕时一定还要把面粉再过筛,降低面粉之间团结起来的任何可能性,在做蛋糕坯子的过程中,也万万不可用力搅拌,将面粉里的力道激发了出来。

汤圆记

如今汤圆带给人们的第一印象，大概是广告里，躺在各种汤勺里的汤圆，咬开一个口，就汩汩流出馅心。至于这种食物和节气的联系，估计要再过几秒钟，才能传输到大脑终端。与北方只有正月十五想起来吃元宵不同，汤圆之于南方人的重要性，恰似饺子之于北方人。从西南到江南的广大地方，汤圆或者汤团是岁时变化的标志性食物，大年初一早上要吃，正月十五要吃，冬至仍然要吃，团圆的口彩一年吃到头。旧年间在成都，如果一家人求嗣一直不成功，那么正月十五那天，妻子可以去偷一个供神的汤圆，服食下去，据说当年就能应验。这种食物的重要性，由此已经接近巫蛊，难怪电影《赤壁》里，正月出征的士兵们要在梁朝伟的碗里堆起高高的汤圆。

大约只有正月十五的元宵节，是大江南北同吃汤圆的好时机。不过准确地说，北方还是以元宵为主，虽然都是糯米粉包裹馅心，但是制法大有不同。元宵是摇出来的，而汤圆则是搓出来的。元宵用的糯米粉不用经过“吊浆”这个过程，而汤圆粉的关键恰在于此。“吊浆”乃是用大米和糯米以不同比例混合，淘洗干净以后用清水浸泡，用石磨磨成极细的粉浆，再用细棉布袋子将粉浆挂起来阴干，这样制作出来的粉就叫做吊浆粉。吊浆的秘密在于把水分和米粉充分地结合在一起，好的吊浆应该是用一斤的米吊出一斤半的吊浆粉来。

包汤圆的时候，要用与体温相近的温水，和出的粉团要用轻柔的手势来搓，均匀包裹住馅心。煮好的汤圆才会滑腻软糯，凝脂一般。元宵就没有这样细腻的感觉，大粉箩里用馅心摇出来，表皮没有经历过那么多的搓圆捏扁，要更粗旷一些。摇得不均匀的，吃起来表面还有沟壑纵横。不过恰如康德所言，“趣味无争辩”，也有很多人难以接受汤圆的滑腻，却迷恋元宵的颗粒感。

宋代的时候，上元节是最重要的节日，不仅仅因为这一天可以吃“乳糖圆子”，也就是汤圆的前身，还因为元宵之夜是整个新年的盛大终曲，人们可以不分男女老幼地上街赏灯猜谜，看各种艺人耍百戏。在这一夜，男女之防可以稍微放松一些。不知有多少闺中女期待着这一天，可以在街市里看风姿绰约的少年和被少年们看。而“乳糖圆子”这样甜蜜香艳的食物，更是将此日的绮丽气氛增添了几分。

彼时的汤圆不光有糯米做食材，还有糯高粱。这样的遗风现在还可以在贵州毕节找到，边地有如空气隔绝一般地保存了古代的食俗。糯高粱做出的汤圆带着淡淡的金黄色，表皮开始就有清甜的味道。“馅”这个词，在这里就显得太过于普遍，不如“汤圆芯子”这个词来得专一和确切。此地对汤圆的热爱，大概可以与宁波匹敌，于是在贵州各地，一提到汤圆，最先想到的不是邻省四川的“赖汤圆”或者“山城小汤圆”，而是立刻出现了毕节这个地名。

作为一个籍贯处填写“毕节”的人，我忍不住要强调一下毕节汤圆的与众不同。与其他地方用猪板油做汤圆芯主料的主流不同，毕节汤圆至上的汤圆芯子最好的底料是鸡油。母鸡越肥，油越黄，就越发珍贵。小时候家里杀鸡，鸡油一定是最宝贝的。一个称职如我奶奶的毕节主妇，会用大铝饭盒把鸡油珍藏起来，哪怕她后半生并不在毕节居住，这个食物记忆她从来没有丢掉过。如果有引子，也就是酥麻籽，那么鸡油就找到了最佳的伴侣。这种黑色的种籽在北方是用来喂鸟的饲料，但是在毕节和整个贵州，它都是甜品最合适的良伴，有芝麻难以匹敌的香气。再加上足够的糖、花生仁、瓜子仁，就可以开始揉搓，要大力地将油和其他原料揉到难舍难分，浑然一体。

我爸爸始终记得一到腊月，就要带着糯米去“磕粉”，会有专门的加工坊自助式开放，要用脚踩一天，大约才能足够春节期间的招待。彼时过年有人做客，最上等的礼节也就是一碗汤圆。相比之下，做汤圆芯子就成了美差，可以一边切花生一边偷吃。年辰好的时候，还会做火腿芯的汤圆，煮熟了的火腿切好以后可能会数量剧减，不过切火腿的人大概免不了一顿皮肉之苦。

在毕节，汤圆不一定是圆的。芯子的不同必须要在形状上体现出来，所以会有各种形状的汤圆，代表着蜜枣、引子、樱桃、冰糖、橘饼、玫瑰、火腿、芝麻、核桃甚至是鲜肉等不同的味道。在重庆人民努力思考如何将火锅用的锅进行各种形状的开发，以同时吃若干味道的汤底的时候,毕节人民则在考虑如何把煮汤圆的锅做出各种隔断,可以同时煮五种到六种口味的汤圆,既能区分味道又能保证不同的芯子不同的成熟时间。

新麦

按照北京老传统，头伏饺子二伏面，三伏烙饼摊鸡蛋。有出租车师傅的评论音轨说，每一伏都有 10 天，这 10 天里哪天吃饺子或者面或者烙饼摊鸡蛋都行。不过我们家还是怀着新北京人赤诚地想要赶快融入文化传统的心，诚惶诚恐地在入伏的那天就煮了饺子来吃，不过实在没有时间自己擀皮剁馅包饺子，煮了一袋速冻饺子作数，还是台湾厂家在广东制造的。

这热情还是比不得我们隔壁和楼上的街坊，他们都是二环里迁到四环外的老北京。入伏当天早上我是在一片剁馅的欢快声音中，从自己不停手起刀落做杀人狂状的噩梦里醒来的。在刚醒来的茫然中，突然想起了“长安万户捣衣声”。当然了，这样欢快的声音在北方好像一年四季都不会消停，谁让饺子是北方名食里出镜率最高的明星呢！

闲来翻些古代的家庭日用大全类书，好比元代的《居家必用事类全集》，发现原来夏天吃饺子和面条还有烙饼，还是很有道理的。农历六月该是麦子黄熟时，新麦正好拿来和鱼一起祭祀祖先。祭祀完了大家团团圆圆地坐下一起吃新麦做成的各种面食,想一想就很愉快。不过那时的家庭主妇估计都很绝望,一大家子的饭,黎明即起,洒扫一下,开始做这些吃食,紧赶慢赶做完了,轮不到自己吃几口,就该洗碗了。论理来说,祭祀的食物不能假仆人之手,只能自己来,到月初月中祭祖的时候心里估计怨念很满吧。不过,这些仪式应该让家里的小孩对祖先很感激,托祖先们的福,才能有好吃的东西。我们现在住得离祖坟越来越远,就连清明祭祖都经常缺席,离这样的生活也越来越远了。

非常新鲜的麦子,据说直接搓掉皮嚼食,就有浓郁的麦香。不过夫君上大学之前军训一年,帮老百姓收过麦子,直接食用这个想法对他来说颇为匪夷所思。想起收麦子,他只有一把苦痛焦虑的回忆。不过新鲜的麦子做成的面食,倒确实有浓郁麦香。金黄的麦穗这样的景象,对大多数城市里长大的人,可能一辈子也没有见过几次吧,恐怕还不如看金黄的油菜花的次数多。这也不知道是为什么?恐怕大放卫星的年代,金黄的麦穗是人们最熟悉的景象吧。那时大概没有密集事物恐惧症这个说法,不然报纸是密密匝匝可以让小朋友在上面蹦达的小麦田,对罹患此症的病人来说,一定是极大的刺激。

出生在西南的苏东坡,到处颠沛流离的当儿,用新鲜麦粒炊饭来吃,还特特地记载了下来,“用浆水淘食之,自然甘酸浮滑,有西北村落气味”,或者和“杂小豆做饭,尤有味”,这个吃法他写了一篇文章《二红饭》,听上去颇符合如今的健康饮食原则,又是杂粮,又利于消化。

汤饼和面条还有意大利面（pasta）

有一桩公案，中国人和意大利人争议了许久：面条究竟是谁发明的？有一种说法是马可波罗从中国回到威尼斯的时候，带回去的。这种说法至今流传甚广，也许正是有这样的文明遗产撑腰，去必胜客吃那比兰州拉面贵好几倍的意大利面（pasta）的时候，能觉得腰板硬了几分——那也是从我们祖宗那里带回去的！类似的大概还可以推广到 pizza 和 ravioli，比萨经常被说成是马可波罗吃我们的馅饼时，馅儿漏出来，于是干脆就把馅儿铺在面饼坯上烤熟了吃。ravioli 则直接被翻译成意大利饺子。当然烧饼在魏晋一直到唐代也还叫做“胡饼”，这中西之间的食物公案大概没有考古学家和历史学家一起合作，是掰扯不清楚的。而且就算是携手做这样让人流口水的项目，最后的结果也一定还是诸种可能的说法各执一词。

当然意大利人对这种说法颇为不满，须知 pasta 如今遍布全球，乃是意大利的非物质文化遗产级别的宝物。两相对证起来，中国人有 4000 年前的考古证据——河南某地出土的一撅炭化面条，据说是用小米做的；意大利人有考古和文献依据，罗马时代就有的文献食谱，上面有 pasta 的遗迹。

有一位叫做塞万弟（Servanti）的意大利教授和他的汉学家太太萨班纳（Sabanna）一起写了一本有 450 页厚的书，名字就叫做《面条》（Pasta）。前些日子有幸，亲耳听到他们介绍自己的研究，倒没有太多关于“究竟是谁发明”的意气，只是说马可波罗到中国以前，意大利人已经开始在食用这种面和了水再切成长条的食物了。小麦很早就成为了地中海沿岸的作物，并不仅仅用来做面包，也用来做 pasta。在意大利，关于面条的书还远不仅仅这一本，还有诸多关于面条的人类学、历史学研究。有些风向气候都颇为合适的小镇，在 pasta 最鼎盛的年代，满街都晾满了风干的 pasta，在地中海的风里好像金色阳光一样飘荡。这样的景象实在让人向往。

从前的意大利主妇，做意面是看家本领。《天堂电影院》的导演朱塞佩的新作《巴阿利亚》，讲述一个西西里岛共产党员的一生。其他情节倒也罢了，但党员的丈母娘做意面的镜头实在非常吸引人，新鲜的意面比干制意面煮出来要软一些，在意大利以外少有地方能吃到。肯使用意面巨头 Barilla 的面条，就算有诚意了，还有很多地方直接使用的是新大陆生产的意面。和红酒一样，总有很多人还是留恋旧大陆的味道。如今意大利本土的手制意大利面也不多了，不过还是有几个家族企业，坚持高端制法，价格极为昂贵，基本很少能买到。

和意大利人对面条的珍视相比，自诩面条发源地的我们，似乎就对面条有些怠慢了。有多少人知道，面条最早叫做“汤饼”？这些考据，倒是在日本汉学家青木正儿的书里，如数家珍一般地历历道来，都能感觉到他写这些文字时在喉头涌动的口水。另外大概就是一本偏门得会让人一看就打哈欠，没有科研基金绝不会有面世之日的书——《唐五代敦煌饮食文化研究》，里面有大量的篇幅讲各种“饼”。“汤饼”和“冷淘”即是后世的汤面和冷面。

《齐民要术》里讲了很多饼的做法，电视广告里热播的某方便面号称“骨汤和面”云云，已经是先祖们玩剩下的遗产。早年间和面，都是要加各种料在面里的。感觉颇似做一份葱花饼的坯子，然后把这块面团切成面条，加汤煮食。小时候看《世说新语》，里面讲何晏因为皮肤太白，被魏明帝在大夏天招待一份“汤饼”，“汗出，色转皎然”。这用来证明美肤天成，没有傅粉的“汤饼”究竟是什么？这个问题折磨了我很久，直到明白汤饼就是面条的前身。一个帅男捧着一碗面条狂吃到出汗的场景，想来就不再像书里那样美好，反而有些无厘头。但是这样的失落感，是否也是因为我内心深处对面条的不够尊敬呢？

不过对大多数人来说，也许还是面条来了张嘴吃就好。不用去关心一碗面里有多少历史，免得厨房里每样东西都跳出来大喊一声“我可是大有来历的！”这样的态度大概才适应这个抑郁症多发的社会吧，就好像很少有人去关心自己的曾祖父和曾祖母姓甚名谁，自己的祖先如何到达世居之地。做一份能吃得起面条的工作都已经很难了，谁还有心情去关心这些？更何况如今的小朋友们，愿意去煮一碗方便面，再配上西红柿炒鸡蛋的也不多了。

包子啊包子

好像就是一夜之间，北京一下多了很多名字里带有"功夫"的包子店。冬天路过这些某"功夫"包子店，要是正好赶上一笼包子新蒸好了出锅，笼屉盖子掀开，热腾腾的蒸气白花花地跑出来，看着就让人暖和。以前，家旁边第一家刚刚开张的时候，很激动地连去吃了好多次，后来发现到处都是，有点审美疲劳，也就作罢了。

不过这些"功夫"包子，确实也是吃几次就会疲劳的质量。倒不是说下料不足，我吃过的大部分都还不错，没有奇怪的下脚料，没有猪身上奇怪的部位，还在馅里灌了很多——呃，不是汤，而是油。经常一口咬下去，能像撒尿牛丸那样飙出一泡油，还经常呈放射状喷到衣服上。这种时刻，往往就会很没有出息地，立刻想到多款洗衣粉广告。油多的包子吃过几次，我不能忍受在我的脑海里，包子总是和洗衣粉之类的化工产品之间发生关系，终于彻底疲劳，抛弃了某"功夫"包子。

包子可能比馒头要普适得多，就算是饮食系统中毫无馒头一席之地的极南之地，也还有包子的容身之处。不同的地方对面皮的做法有不同的讲究，江南系的汤包大多是死面面皮，其他地方的包子多半是发面面皮了。但是包子最大的亮点肯定还是馅，馅对于包子有决定性的意义。以前好像是在冯梦龙辑的书里看过一个笑话，一个人跟别人吹嘘自己吃的包子有多么大，说吃了好几天还是面，只吃出一块碑，上书“馅距此还有三十里”。我还经历过一阵要凭票供应食物的年代，那时候买的包子经常看上去雪白一片，奋力咬几咬都咬不到馅，刚刚咬到馅，一两口以后高峰体验就没了，重新回到面皮，只留下惆怅的回忆。

要说起包子馅，可以一路说上三十里地，灌汤的没汤的，甜的咸的，肉的素的，叉烧奶黄，蟹粉青菜……初中有个同学经常被数学老师拿来教育大家方程式的解法：“某某吃包子，从心心吃起”。这种教学法很成功，以至于当时一个班很多同学的名字我都忘记了，唯独此君的名字一直记得。在我们那边，“心子”也就是“馅”的意思，吃包子的时候别有一种剜心割肉的残酷感。我最着迷的是灌汤的包子，江南系的汤包是心水，但最好加上一碟贵州的糊辣椒蘸水。当年抗战、三线建设一系列大事件过后，给老家人民留下了此种混搭的吃法，操着无锡口音的老太太端上来的小笼包子，配合本地辣椒葱蒜酱油醋。

对于包子来说，单吃馅或者单吃皮都是非常不尊重的，与吃饺子同理。我以前还有怪癖，专门热爱吃包子皮与包子馅接合部的皮，这当然是针对发面包子而言，死面的汤包很难梳理出远离接合部的皮来。而且要吃所谓的一品大包，一个吃下去就可以吃饱的那种，如今的包子都越发地袖珍，益发地成为众多配角之一。不过退而求其次，吃面发得很好的包子,也是一件乐事了,因为自己家用酵母发面,碱的分量总是不太好把握,蒸出局部发黄发硬的"军用品",是常有的事情。可惜现在面发得好的包子都是可遇而不可求,尤其是便利店里的包子,面皮吃起来毫无人气,让人伤心。

碱水面条

有一种东西，愈是反复思索，内心深处愈是对它产生有增无减的思念。很羞愧，我说的不是内心的道德法则，也不是头顶的星空，而是碱水面。它微微发黄，咬口劲道，乃是宜宾燃面、武汉热干面、襄樊牛油面、广式云吞面等诸多面品不可缺少的原料。夏天吃凉面，其实用碱水面最好，碱的存在调整了面粉的粘度，不易糊在一起，吃起来更舒爽。

到北方生活，对于南方人来说，要付出的代价甚多。失去碱水面是众多无可奈何落去之花当中的一朵。当然兰州应该除外，做拉面的“蓬灰”起的作用和碱水一样。所以实在买不到新鲜碱水面的时候，去兰州面档吃一碗劲头十足的拉面，也能起到疗伤的效果。还有一种替代性方案，就是买一包国产的日本拉面，也有一些是加碱水的。不过其中碱水的比例大概要小一些，所以看着颜色还不至于泛黄。最近还最新发现，某港式水饺品牌出的云吞面，十分适合用来怀念碱水面，煮出来黄黄的颜色，加上醋非常香。可惜就是价格颇高，比较让人受伤。

最近看的电影里，对《南极料理人》印象特别深刻。原因就在于拉面在电影里非常闪亮，日本南极科考队员们没有拉面就无法进行科学研究（多么软弱的科学工作者啊，我国科研工作者肯定不会这样！），在拉面被吃完的日子里所有人都处于脱线状态。羞涩而义勇的厨师，在气象学家的帮助下，没有碱水，用泡打粉代替也和出了有碱水感觉的拉面，拯救了观测站的科学事业。看完电影以后，立刻冲动地拉开冰箱取出一包国产日本拉面，煮来吃掉。后来看演员的访谈，首映式之后他们大多也都立刻找了个地方，吃过拉面再回家。

因为有碱，所以吃的时候经常需要放醋。我心底里最美好的面条记忆，是小时候每天早上吃的奶奶煮的面。其实调料非常简单，一勺猪油，酱油醋，葱花和辣椒油，运气好的时候有猪肉炸的脆哨（用酒酿或者糖醋炸制而成的贵州食物，脆而香）。但是就是有非常浓厚的香味，很久以后，离开了有碱面的故乡，我才明白，这种独特的味道，就来自于热腾腾的碱水面条煮好以后，与醋的相逢。酸碱中和，写出来好像化学实验课报告，但闻起来有让人难以忘怀的味道，很难形容，我甚至觉得有点让人陶醉。

小时候吃过的碱最重的面条，是贵州小吃里的当家面：肠旺面。肠当然就是猪肠，旺是猪血或者鸡血，另外还要加脆哨，大量的红油、绿豆芽葱花等，红彤彤的一碗，非常过瘾。面店桌子上都会放一壶酱油一瓶醋，讲究的还会用专门的瓷壶来盛。幼年去街上吃面，烂熟于心的口诀就是“高醋矮酱油”，这样就绝对不会弄错。肠旺面的面条是纯用鸡蛋与碱和面制成，咬来生脆，极为劲道。碱也很多，多到醋一下去会冒泡的程度。我小时候曾经因为迷恋酸碱中和产生的泡泡，猛然倒很多醋下去，一碗面吃起来都是酸酸的。破坏了平衡，也就感觉不到那种中庸之道产生的香味了。

中华汤包

写下这个口气很大的标题，我心里有点小慌张。不过想到《中华一番》这样的著名料理漫画，虽然以川菜为底本，但其实和川菜关系也不太大，就平静了。总要对自己嘴边曾经流淌过的那些肉汁有个交待，总要对每次看到“小笼包”这三个字时心底的悸动有个纪念，我想那些在各式小笼包的门前踊跃排队的人们，也会颔首同意我的这个动机吧。当然了，我要写的小笼包，指的是面皮没有全发酵，咬开面皮以后，会有“爆浆”效果，流出浓浓的肉汁的那种，最好用吮吸的方法食用，否则宝贵的肉汁就会流失。只是普通发酵包子缩小个头，挤在一个小笼里，偶尔还以“杭州小笼包”的面目出现的，是另外一个范畴，不是我思念的类型。

小笼包是个神奇的东西，到哪里都能红起来，不论是在上海，还是在台湾，甚至是西安。究其源头，到底是何人发明大概已经不可考；可以肯定的是，小笼汤包是江南一带原产物，生煎之类的点心如果不是衍生物，那也应该是友邻。卖小笼包起家的“鼎泰丰”可能要算卖得最好的，从台湾起步，如今分店已经开到日本和美国，北京、上海、杭州、香港、澳门就更不必说了。台北信义老店，后来开的永康街店等诸店，门口总是有长龙在排队。人们看着云蒸雾绕的玻璃窗里，垒得高高的蒸笼，一个小时乃至两个小时毫无怨言地等待着，白皮肤黄皮肤们在台北并不宽敞的街道上团在一起，十分引人注目。有趣的是，鼎泰丰的老板是山西人，而非上海人。这大概要让一些美食血统论的持有者情何以堪吧。台湾本地人大多已经放弃了去吃鼎泰丰的想法，“人太多，又贵”。他们还有众多其他的选择，永康街鼎泰丰的后面就有一家“高记”，也有不错的小笼包。台北名店“点水楼”也有上好的蟹粉小笼包，比鼎泰丰招牌的18个褶子还要再多一个。

不知道为什么，台湾的鼎泰丰吃起来要比北京的更好吃些，涌出的肉汁要更香浓些。难道是因为门口排的人要更多些，排队的时间要更长些？北京的店也不如台北店有老店气象：永康街店楼梯逼仄得两人并排就必须侧身才能通过，等座只能在门口戳立，但人们仍然贱气十足地等待着。在这样的店里吃一只小笼包，有浓浓的怀旧感觉。好像回到了小时候老家的骑楼，回到了骑楼下的“小上海”。那时每个周日，父母都会带着哥哥和我，去吃一次小笼包。我们眼见着那个地方如何从一个大家排队的地方，变得门庭冷落，再变到分一半店堂来打台球，直到道路拓宽之后彻底消失。

在上海“王家沙”，总能看到一群阿姨坐在透明橱窗后面，用沪语拉着家常，一边飞快地包着小笼包，有的加蟹粉，有的不加。这种景象也让我想起幼时的“小上海”里，讲着掺杂了西南口音的上海话的阿姨和叔叔们。我没有数过他们包的包子究竟有多少个褶子，大概也没有多少人真正去数吧。那些滞留西南的人，在旧年里有个共同的名字："下江人"——意指长江下游的人。在抗战期间，他们涌入四川、云南、贵州，战后又像退潮一样离去。到了"三线建设"的时候，又有一波下江人涌来，这次很多人就在这里安家，没有离去。我不知道贵阳街头那些"小上海"和"无锡小笼包"究竟是第一波下江人的遗迹，还是第二波的呢？

武汉的汤包老店"四季美"，是解放前就有的老店，如今好像老店址被江汉路整改工程拆迁，未知何时复店。他们最初也是学下江人做的小笼包，后来做出了自己的一条路。同在武汉的"三镇民生甜食馆"也有上好的汤包，口味没有江南的那么甜，能让更多地方的人接受，汤汁轻一些，不过一样可以拍出周星驰电影里狗血的"爆浆"效果。

不论在哪里，吃新鲜蒸出来的小笼汤包，都需要技巧。南京人有口诀曰："轻轻移，慢慢提，先开窗，后喝汤"。南方人从小受到这样的训练，潜移默化，吃汤包的能力似乎就要高一些。横空在西安出世的贾三灌汤包子，可能是这些小笼包里年齿最浅的，要等到改革开放之后才出现，他做的清真小笼包在北方颇有盛誉。贾三店里提供的吃汤包指南，不知是否为了迎合食用汤包能力相对比较低下的北方人，意思是用汤勺接着直接捅破再喝汤。对这样的指南，我不能认同，这简直和食用小笼包的根本伦理相抵牾，虽然贾三做得并不赖，而且是所有小笼包里最巨大的——蒸笼就快有脸盆大。也可能是因为包子太大的原因，要"轻轻提"贾三的包子，需要的技巧更高，经常包子的汤都白白喂给了笼屉，让人难过得几乎要泪洒当场。

个头适中的小笼包,刚刚蒸好的时候,隔着薄薄的皮,能看到里面的汤汁宛转流动。夹一个起来,质地上好的小笼包不会破裂,能看到粉红色的肉汁在白色的皮下面好像血管肌理一般地滑动,看来有一种惊心动魄的肉感。再有接下来的由轻到重的吮吸,肉汁汩汩流入咽喉,很容易让人想到另外一些让人窒息的快乐的事情。台湾著名低产女作家唐丽娟曾经写过一篇《哦伊系哟小笼包》,一展小笼包这种小家碧玉食物内里隐藏的风情。而在看到这篇小说之前,我总是记得小时候看过的某本儿童文学期刊上,两个南京姑娘偷吃了同学给病重的奶奶买的小笼包,害得该奶奶抱憾而去,该同学遗恨终生。啊,我也真是恨,恨看过唐文之后,对小笼包的那颗心,就不复纯情。

蔬菜

韭菜侠

如今大棚蔬菜盛行,要是没有“夜雨剪春韭”之类的诗句,很难想起来,哦,原来现在是吃韭菜最好的时候。韭菜这种东西,在北方平日里实在太普通,轻易体会不出季节感来。蔬菜们生活在四季如春的大棚里,混混沌沌地按照人类的要求反季节生长,而人类则住在罐装密闭空气里。这不知是进步呢,还是退步。只是看过去的人们记录的各种岁时习俗时,略有点看骨董的感觉,那些靠各种仪礼吃食维系的时间的感觉,现在只能变成报纸上的谈资了。

春天按理说应该是韭菜最新鲜的时候,但是一年四季里,被多多地用了农药和肥料的韭菜,谁又要更新鲜一点呢?韭菜这种东西又有巨大的味道,传说中头刀和二刀的春韭,吃到嘴里,舌根有回甜的感觉。恕我愚钝,觉得好像其他季节的韭菜也一样能生出甜味来。那些突出韭菜本来味道的菜尤其如此,好比韭菜炒核桃,就能感觉到隐隐的甜丝丝的味道。大概要自己在家手植一些韭菜,方才能深切体会一年四季里韭菜味道的变化吧。不过像我这般没有绿手指,能把仙人掌都养到枯死的人，恐怕在家里种植韭菜，只会在荼毒生灵簿册上再添新帐，不过向往一番，叶公好龙而已。

印象里最爱吃韭菜的似乎是云南人。第一次去云南的时候，发现不论是米线、饵块还是饵丝，全部都撒上一堆韭菜，而且是生韭菜，顿时十分敬畏。过桥米线还好，总归是可以烫熟。其余家常做法，放韭菜就如同我们放葱，略有些不适应。那是一次国道自驾游，吃过国道边一个又一个路边店，几乎店店如此。我处女座的娘就十分龟毛地一粒韭菜一粒韭菜地细细挑出来，放在旁边，好像一片微型草原，让人叹为观止。那时我还小，还不知道韭菜还有“壮阳草”之类香艳的名字。现在每每回想，云南男性的形象在我的心目中，就蓦地雄伟了起来，当然这也只是臆测而已了。

可惜韭菜现在的名声也有点坏了，每次买回来不用淘米水狠狠泡个1个小时，再猛烈漂洗一番，实在是不敢入口。不少耸人听闻的消息里，韭菜似乎全身都是农药，吃到口那股甜味，恍惚简直有了敌敌畏闻起来的甜香。专家们教育，正常的韭菜其实没有那么肥那么绿，要细小瘦弱一些。但退一步想，谁又知道细小瘦弱的韭菜是不是就没有用农药，还是别有其他不可食用的原因呢？这样几乎有了不敢吃韭菜的心。不过，横下一条心，我们还有什么不敢吃的？搞不好这样一直吃下去，能产生突变的基因，催生出若干超级英雄也不一定。啊，现在就该开始《韭菜侠》的漫画创作，画好了还坚决不给美国的“惊奇公司”。谁稀罕与绿巨人之类的美利坚英雄并肩作战呢？咱们定要实现超级英雄本土化，民族化。多多服食增强突变能力的韭菜，我们一定能有自己的绿巨人！

再见，菜苔

春天到了，该给菜苔唱一曲挽歌。北京的市场上能见到的，一般都是紫菜苔，有的地方也叫红菜苔，还有些地方如我们家那边叫做油菜苔。而白菜苔从江汉平原一路经湖南向西到贵州的冬季蔬菜圣品，北方少见。但不管是哪一种菜苔，到了春天这个季节，都已经走向菜生的末路，很快我们就要和它们说再见，然后等来年再相见。

十字花科的食用蔬菜，不管是白菜、油菜、小油菜（上海青）还是芥菜之类，一般走过的轨迹都是发芽壮大，开花结子。菜苔就是那最后一个阶段的辉煌爆发，往年这个时候，南方的油菜花正值美丽的盛期，金黄一片的花下面，都是挺直的菜苔。花开之前，先要抽苔，这个工作一般都在冬天完成。想到阴湿寒冷的南方冬日里，地里的油菜、白菜等蔬菜，都好像一个母亲怀胎一般努力地生长着，就觉得十分感动。抽苔阶段截嫩者入馔，就是我们所说的菜苔。如果采得晚了，营养已经都用来开花，菜苔就会变成空心，食之无味，只余嚼不动的纤维。开花之后便是结子，田里用来留种的蔬菜在采完种籽之后，显现出一生中最丑陋的样貌，剩几片濒临干枯的叶子，顶着一根瘦骨伶仃的菜苔。小时候我们家附近还有一片菜地，年年看到这样的景象，心里都充满了惊悸。现在想来应该是应在“天地不仁，以万物为刍狗”之类的句子上，不过也是天物循环不可避免的一环。而开花这个美丽的环节，就有着“天鹅之歌”的悲怆感了，虽然没有樱花那么风雅，不过细想道理到底是一样的。

亏得这样的自然规律，冬天里总有菜苔吃。北方买紫菜苔总是要吃亏，从南方运过来的过程里菜苔会竭尽自己的力量，卯足力气开花，肥美多汁的菜苔多耽误几天，肯定空心而且变得细长，毫无可食性。白菜苔基本上不用想，从来没有买到过。春节回江汉平原的婆家，勉力吃了很多白菜苔，才有一种这个冬天没有白过的感觉。南方清秀的青口白抽出来的苔是我的最爱，北方不知何故，从来没有见过黄芽白的菜苔，倒是有时候能看到上海青的菜苔，但口感与青口白的无法相比。在我的心里，冬天的理想馔食，就是清水煮白菜苔，配腊月里灌好熏香的切片麻辣香肠，吃一个冬天也不会嫌烦。白菜苔有一种密集的甜味，在舌根翻飞不已，让人陶醉。相比之下紫菜苔就有些嫌太苦，不过那也是别样的一般风味，苦过也有回甜，老人家最喜欢拿来鼓励年轻人——人生啊吃过苦总会有甜。

其实广东菜心也是一种菜苔，出自于南方系菘菜的改良培植。想来实在是有些残忍，其他同科的蔬菜们能够从容长全一个菜生的循环，菜心只能不断地重复开花前的巅峰状态，简直能够与尼采所谓“永劫回归”相比。

蕨菜能杀死恐龙吗

最近看到的最让人伤心的消息，恐怕要算是某些科学家发现蕨菜里有致癌物质“原蕨苷”，长期大量食用会诱发食道癌变。早已经知道“天然”、“传统”的食物会致癌，好比腌的咸肉、熏制的腊肠，好味有代价。还有些味道既恶又“天然”的，如发霉的花生、米麦里的黄曲霉素，正宗“纯天然”。如今蕨菜也加入这个“天然毒”的阵营，实在让人有些难以接受。春天里一盘豆豉炒蕨菜，或者凉拌蕨菜，都是南方时令的菜肴。

不过蕨菜在小时候的记忆当中，倒也一直有些死亡的气息。每年清明时，南方的荠菜已经过季，长长的梗上开出花来，也老得无法再吃，蕨菜却是正当时。清明节扫墓，除了给祖先的墓碑描红，献祭拜念之外，最大的项目有二：一是放风筝，二是采蕨菜。风水好的山上，渐渐就多出很多坟头，慢慢变成了坟冢云集的坟山。很多诗家提到的“北邙山”，其实在每个地方都有，到了清明，人们踏着山间小径去上坟。所谓“清明时节雨纷纷”，去扫墓少有赶上天气好的时候，经常都是一步一滑双脚是泥，小脑异常不发达如我者，颇为之所苦。

好在到了山上,祭拜过祖先,吃过供果,就可以开始采摘蕨菜的活动。在我们家的祖坟旁边,有一些小小的坟包,蕨菜长得非常茂盛。我外婆还在的时候,总是会告诫我们不要踩着人家的坟上过去,采蕨菜的时候小心一点。50年代的时候,某个学校的初中生看电影,有人喊“有特务”,引起踩踏,当场罹难十多个学生。如果他们活到现在,也已经应该是当爷爷奶奶的人了吧。我记得我有一年似乎是不小心踩到了其中一个坟包,回家做了半夜噩梦,总有一些黑影包围过来。现在想来大概也只是巧合吧。少年夭折的他们,是没有后代来扫墓的,渐渐的坟也就开始坍塌,慢慢地被蕨类植物侵袭铺满,一不注意就会踩到。

老家位于亚热带与温带交接之处,山上遍是蕨类植物。雨后蕨芽郁郁葱葱,好像一只一只弯曲的微型小拳头纷纷举起来做怒吼状。拣最水嫩的掐下来,回家用热水焯过,再用来清炒凉拌。吃不惯的人可能觉得它有一股滑稽的酸而冲的味道,口感还黏糊糊发涩,但是爱吃的人就会甘之如饴,认为是野味珍品。春天的时候不吃蕨菜,就好像北方人春天不吃香椿一样不完整。

每次吃蕨菜的时候,其实我都感觉到体内有些属于恐龙的基因蠢蠢欲动。遥想侏罗纪与白垩纪,恐龙们在漫天的蕨类植物中散步,那时的蕨菜恐怕就不是微型的小拳头,而是巨型的人民铁拳,怒吼的力道比如今我们吃的蕨菜,肯定要大很多。素食的恐龙们会不会食用很多蕨菜呢?会不会因为食用过多蕨菜而致癌呢?蕨菜里的毒素,会不会通过食物链又被捕食素食恐龙的肉食恐龙吸收呢?呵这真是一个十分有趣的科学论题呢。

夏吃姜

“冬吃萝卜夏吃姜”，如今已经有些被当作不证自明的真理来接受了，正如同其他许多的传统中医理论。这么说内心深处有点愧疚，觉得自己有数典忘祖的嫌疑。但是似乎还是应该先强调一番，毕竟以前过日子和现在不一样，老祖宗们也没有用过空调这种东西，想出来的对策是不是还管用，恐怕要就事论事地探讨一番才知道。

大学时候有一个老师，不但不能吃辣，而且连姜都完全不吃。去她家做客，吃到的槐花肉馅饺子完全没有放姜，感觉有点奇特，那时候才意识到姜在我的味觉系统里的意义——基本上是和肉一起出现的嘛！尤其是嫁了一个热爱吃各种姜的丈夫以后，似乎家里的每个炒菜里都有姜。

我小时候一直把“夏吃姜”理解成对一个时令菜肴的提示，因为夏天意味着仔姜上市。一般家里两种吃法：首选是择最嫩的部分，薄薄切成片，放在酱油醋麻油的汁水里浸上2小时左右，生拌着吃；或者是加青椒和肉一起炒来吃。这两种吃法，都颇为重口味，不擅长的人恐怕会吃出一身热汗。据说这样能帮助更好地度夏，就好比盛夏的重庆人围炉吃土灶火锅，一身大汗以后暑意可以缓解不少。我曾经非常迷恋切仔姜，一旦切出薄如蝉翼有半透明效果的，就会兴奋地向父母展示。现在很少能买到在南方的那么美好的细嫩的仔姜，本来想要继续下去表演给夫君看的绝活儿很少有机会演练。果然“拳不离手，曲不离口”，时间长了这个技能就渐渐离开我了。很嫩的仔姜炒来吃，不会有特别辛辣的感觉，好像口感更加密实的笋，清鲜得很。

稍微老一点的仔姜，可以放到泡菜坛里泡上，这是典型的西南做法了。泡姜泡椒泡菜就是吉祥如意的一家，烧鱼炒肉皆便宜。经典的鱼香肉丝离不开泡姜和泡椒，因为这哼哈二将的味道在川渝人民的口味中已经渐渐等同于鱼的味道了。所谓见月忘指，这个例子恰好反过来，月亮不见了，只余手指。

在北方有吃姜芽儿的。有一次在一段时间难得的雨季过后，去菜市场看到卖姜人家摊开一地的姜，把发出来的芽揪下来，放到一边单卖。一个一个灰仆仆的土黄色小疙瘩，乍看很难和食物这个词发生联系。加上看到了“生产过程”，更是产生了嫌恶之感。姜芽泡来吃尚可，但是拌和炒都无法和仔姜比。北上生活以后买到的仔姜，就算是南方空运过来的，也还是有些老，很难择出特别嫩特别水灵的来。拌着吃可以完全不用想了，炒着吃也有一定风险。大概是旅途劳顿的缘故吧，北上的仔姜经常都特别辣，切得再薄，吃起来还是容易让人抓住舌头找水灭火。只好一股脑泡进坛子里，让辣味在发酵的过程里慢慢减小。

于是到了夏季，听说有友人往西南方向旅行，就很想热切地执了人家的手，深情地问一句：能帮忙带点新鲜仔姜回来么？不过往往还是打消这个念头，但是自己只要有机会在夏天回到绿油油的南方，总会奋力地带一些美人手指一般的仔姜回来。

陌生的菜苗

有一种菜，我只听长辈说过，自己从未有机会吃到口。那也是我的爷爷辈的人才吃过的东西了，有个名字叫“洋烟菜”。对近代史有些概念的人，可能已经感觉到了这种菜是什么吧？这种“菜”长大以后还有另外一个让人闻风丧胆的名字，叫做罂粟。我老家据说在二三十年代种了很多此种花朵妖冶的有毒作物。在罂粟开花结果成熟之前，老辈人们回忆说看上去也就是一片绿色的菜苗。青黄不接的时辰，烟农们就会摘下罂粟苗，用背篼装着去市场上卖。“下火锅很好吃，很脆很嫩”，我外公是这么说的。

如今科技昌明，已经有了“灭活”的罂粟油，有卫生法律等方方面面的周全保护。以前承蒙朋友惠赐拿来拌凉菜，味道颇佳。而越是如此就越是让我对洋烟菜充满了向往，不知几时才能有机会吃到长辈们曾经吃过的味道呢？想来应该是比较没有希望吧，菜没有油那么金贵，经济价值也没那么高。

当然除了这种游走在法律和道德规范边缘的菜苗，也还是有很多伦理上十分健康，可以安心食用的菜苗。这个季节正好是吃南瓜苗、丝瓜苗、番薯叶子的好时候，用西南的叫法，都是一些“尖”，或者“颠”。不管“尖”还是“颠”，从字面上看都能感觉到它们的好。它们长在离太阳最近的位置，占据着“顶端优势”，纤维稀少，口感细嫩。冬天的豌豆苗也是个中好物，在寒冬里给人最水嫩的慰藉。一定得是豆架子上摘下来的尖儿，用豌豆发出来的豆苗，永远无法有同样的肥嫩清润口感。

在北方生活，这些尖儿大多数时候都是不能相见，只能怀念。丝瓜苗还好，广式餐厅里能吃到，偶尔在南方蔬菜专卖的地方也能买到，回家立即泪流满面地吃下去。豌豆尖也经常能吃到，菜市场里越来越多的四川菜贩对此有强烈贡献。饶是如此，也还是无法和南方吃到的味道相比，毕竟还是要坐飞机北上到空气干燥风沙茫茫的地方，就在运过来的过程里，最好吃的那部分灵魂，已经被吸收进了机舱和北方干枯的空气里。

前些年，我们院子里干涸的水塘底，被邻居们井田阡陌地种上了各种蔬菜。曾经种得最多的就是南瓜，这个时候已经遍地南瓜尖好像宫崎骏动画片里的小怪物一样张牙舞爪地铺开了。月黑风高夜，偷摘瓜尖时。多少个紧张的夜晚，老公和我按捺住狂跳的心，看准一根就迅速掐走装好。这样的好时光没过多久。邻居们虽然爱种地，但是对“去除顶端优势”之类的科学种植法似乎没有任何知识，不知道掐过尖的藤能多长几个瓜，很快院子里就风声鹤唳地开始了南瓜苗保卫战。我们顶风作案的某一夜，被一个埋伏的大妈发现，“你们就那么馋嘛！”后来好像还洒上了农药，今年更是彻底不种了，于是我们就此终止了摘南瓜尖的念想。毕竟不是自己种的瓜，还是十分理亏而且内疚的。

夏日雨后的蘑菇

北方难得到了雨季，小区里居然罕见地长出了蘑菇。有大叔在树下，拿个塑料袋子不停地捡拾，我忍不住问大叔："这蘑菇没有毒吧？"大叔回头看看我："有毒的话，明儿的报纸上你就看见报了——'居民误食毒蘑菇身亡'。"

现在南方正是雨季，想来老家市场上应该已经是众菌争艳的时候了。尽管如今人们都已经意识到了蘑菇的营养价值，北方菜市场上也已经有了形形色色的各种蘑菇，从鸡腿到杏鲍，更不用说人们喜闻乐见的金针菇和香菇。不过还是有些本地性强烈的蘑菇，或者按老家的说法——菌子，在产地以外的地方难觅踪影。

在我心中念念不忘的，首先当属紫花菌，据说东北也有，叫做松树菌，但未亲见过，不知是否的确是同一菌类。虽然叫做紫花菌，但是颜色却是鲜艳的橙色。根据蘑菇颜色越艳丽就越不能吃的知识，第一次见到这种蘑菇的人，肯定会被吓一跳。其实紫花菌口味一流，连虫子都很喜欢，每次买回来，都需要细细剖开洗干净；菌柄和菌伞因为太肥厚都容易躲进一些白肉虫。上好的紫花菌，剖开的时候还会有浓浓的汁液流出，会黏在手上。

然后当属刷巴菌，学名应该是叫做某某珊瑚菌，云贵川的人都各有食用。清洗这种像珊瑚一样满是细小枝杈的菌类，绝对是家庭主妇的噩梦。小时候我妈经常唱着歌，把一下午的时间用在清理买回来的刷巴菌上，仔仔细细地把一朵又一朵的菌子掐掉老根，清理掉夹杂其中的木头渣。在一些常见毒菌名录上，它赫然出现，但又没有说明白，究竟会有什么样的异常反应。

不论是紫花菌还是刷巴菌，贵州家常的做法，都是用青红椒加番茄来炒。肉是必不可少的，蘑菇虽然本身有浓厚的味道，但还需要借一点肉味，里脊切薄片上浆嫩嫩地炒一炒，和这两种菌类同食，味道极好。紫花菌因为本身口感脆嫩，内里还有一些空洞，能够把肉和青椒红椒还有西红柿的鲜味吸收得淋漓尽致。而刷巴菌则更细嫩一些，有鲜美到无法形容的感觉。

另外还有黄丝菌和青口菌，也长了一副毒蘑菇的面孔，却都有上佳的味道，当然在我心目中与前二者还是没有办法比的。可是不幸的是，来到北方以后，就和这些菌子都彻底说再见了。我苦苦寻找过许多次，好像只有猪肚菇和紫花菌的质地比较接近，但鲜味还是没有那么浓厚。而刷巴菌就彻底与我的食谱不再发生联系，变成了一个需要缅怀的味觉，需要每次回家都首先点名要吃的东西。

这些菌类好像迄今仍然拒绝大棚的规训，不像金针菇和香菇、口蘑一类蘑菇，已经被成功驯养。那些被驯养的蘑菇，似乎美好的味道自此就被大规模的生产打了折扣,变成了庸脂俗粉。而野生的菌子们仍然有着山里妹子般野性的美,让人想起沈从文写过的翠翠。它们是小时候《采蘑菇的小姑娘》歌里小姑娘采去换铅笔的蘑菇,还需要人们在林地里细细寻觅。而且要好像采笋一样,要在雨后才行。我记得,有一年匆匆回家,罕见地一直艳阳高照,每天早早去菜市场上都买不到紫花菌或者刷巴菌或者任何一种野生的菌子,也没有苗胞老乡挽着大提篮叫卖。没有等到下雨我的假期就结束了,只好流着口水回北方,下雨的时候思念一番菌子的味道。

做霉干菜的季节

厨房里有一瓶霉干菜，是朋友的妈妈亲自拣了最嫩的菜心，亲手做了送过来的。果然香味醇厚，拿来蒸扣肉，味道不凡。没有一般市售霉干菜难以避免的硬菜梗，每一棵都嫩出了笋尖一般的口感。尤其想到挑拣、晾晒、揉制……整个过程里都有朋友妈妈的爱心，吃起来就越发地感动。

秋季下江南，有太阳的日子恐怕就会看到小镇上到处晾晒着即将变成霉干菜的油菜、芥菜或者白菜。即使远到徽南黟县，也一样能看到满街竹匾里晾晒的菜干。据说要经过若干次腌渍、晾晒，才能得到那红亮的颜色，醇厚的味道。光是从霉干菜的分布上，也大致能看出江南文化的领域。最近去安徽旅行，从桐城往黟县行进，要由铜陵大桥跨过长江。在桐城，一样有臭鳜鱼之类的著名徽菜，但是要到黄山黟县，才会出现霉干菜的踪影。老城的阳光下，到处都是剥板栗的人和晒干菜的竹匾。

风光如画的宏村里，有若干家霉干菜烧饼的店铺，还有铺在霉干菜上的鸡腿，四处可见。在任何一个深深小巷的转角处，都有可能突然出现一盆霉干菜烧鸡腿！霉干菜烧的鸡腿散发出只有靠近桑树稻田才有的乡土的味道，简直有勾魂的效果。但是在宏村如画的景色里，啃一只鸡腿，貌似又太不风雅了。《卧虎藏龙》里面侠客都拿着剑在这里做水上漂，倒影如诗如画。我们拿着鸡腿走过水边，倒影里只有据鸡腿大嚼的样子，怎么想都有点奇怪。可是一旦回来，回想起那些被霉干菜味道围绕的鸡腿，心里又十分挂念，后悔自己没有来上一只。估计这霉干菜鸡腿可以作为下次再去的动机了，如今只好在微波炉里很不乡土地加热一只从宏村带返的霉干菜酥饼，让霉干菜和猪肉的味道在屋里回荡。

作为一个霉干菜文化圈的圈外人，我对于霉干菜最早的体认，来自于《儿童文学》这本杂志某一年的一篇小说。被大水围困的村庄，人们靠一罐霉干菜度过了食物危机。那时霉干菜对我来说只是一个还未来得及和味蕾发生关系的词，想象了很多年，总是觉得和鄙西南的“盐菜”、“芽菜”恐怕相差不大。后来发现，味道还是颇有不同的，芽菜可能还接近一些，但川盐揉出来的芽菜，和海盐揉出来的霉干菜，仍然有难以言传但泾渭分明的差别。

据说宏村最早只有一家做霉干菜烧饼的，后来大家渐渐互相模仿。但这第一家又是从哪里学会的呢？难道是江浙移民带去的技术？因为毕竟江浙才是霉干菜的大本营。我曾经在网上买过若干金华的霉干菜烧饼，味道几乎是一模一样的，而形状也是具体而略微有所不同。假使未来有机会能够考察一番霉干菜烧饼的迁徙之路，大约其中也有若干荡气回肠、绕梁三日的大时代跌宕起伏的故事吧？

清水煮菜

月球上发现了水,火星上貌似有生命。我们生活的年代,越来越像小时候科幻小说里的场景,越来越有未来感,想一想自己居然其实活在一个叫做“当下”的时候,实在有些惊讶。不过,老祖宗们几千年的生活轨迹,还是凝结在咱们的身体里,就算活在所谓的“后工业”时代,还是同样的一副农业时代的旧肠胃。进了冬天,肠胃就会惦记着各种热腾腾的肉食,羊肉驴肉之类让人浑身生热的肉类都是当季首选。

只不过,现在的冬天和过去的冬天,恐怕大不一样了。尤其在有暖气的北方,冬天室内的温度并不低。以前围炉吃羊肉要挽起袖子,现在恐怕要边吃边脱衣,而且配上各种所谓去火的饮料才行。过去的冬天,只要收成不错,就能过满意实在的冬歇日子。要忙碌起来,顶多也就是杀猪宰羊,准备年货,颇为喜气洋洋。现在的冬天正是年底做各种总结与计划的时候,恨不能要生出三头六臂来,脑门忙得冒烟,唯有用食物填补空虚忙碌的一颗心。旧肠胃遭遇新冬天,这副老身躯就会出问题,反而应该多吃一些清淡食物,尤其是各种菜蔬。

啊这样写下去，就要变成某一个版本的养生之道，但我其实对此并不熟谙。在云贵一带，无论冬夏，清水煮菜都占有家常餐桌上的一个重要位置。清水煮苦菜是云南名菜，“一清二白”的素煮青菜，在老贵州人的春节宴席上，是一道绝不可少的“口彩”。四川的各种“趴趴菜”比这些地方要讲究一些，至少猪油要放上一点，“青菜钵”亦然。那些清水煮出来的菜，完全没有任何油星，和浇上香油和豉油的粤式白灼菜了无相似之处。非食素一族看到这里，恐怕冷汗已经出来了，唇间搞不好还有“齿冷”之感。但我觉得，清水煮菜也应该在冬日的饮馔当中被记上一笔，在暖气火烧火燎、年底总结如火如荼之际，能够在心头上降一下温，譬如沙漠绿洲，荒野甘泉。

清水煮菜，首先对水有很高的要求，这正和点豆腐相似，出好豆腐的地方都靠着好水。清水煮出来的菜要好吃，水也要好。其次蔬菜要好，没有污染，最好是用农家肥养成。冬天的时候，很多十字花科的菜蔬，如白菜苔、青菜、小白菜，都适合用清水白煮。夏天拿西葫芦和豆角来煮也是好选择。冬日西南的恩物豌豆尖，反而不能这样素煮，一定要借一点油的味道，不然就会过于素，素得让人心里好像生出一个洞来。这些菜蔬，只要新鲜，口感脆嫩，都可以拿来水煮。煮出来的菜是完全天然去雕饰的味道，有一点点甜，非常轻，像云朵一样飘浮在舌根尽头，很快就飘散了。用这样的方法煮出来的菜汤，颜色清澈碧绿，简直可以拿去做奥巴马来华时享用的“翠汁鸡豆花”的汤底。当然西人们习惯了那些浓稠的汤，对这样的“汤”肯定不适应。这样轻的汤，喝下去，会让人心头明净。我记得吃得印象最深刻的，是在贵阳郊外某个农家乐，靠近山泉水，白菜苔也是用泉水浇灌，现吃现做。看着店家去白菜地里掰下最新鲜的菜苔，四下大家聊天的声音似乎都远去了，只有店家掰菜苔清脆的噼啪声，简直好似空灵天籁。如此煮出来的白菜苔极嫩，咬断松脆苔茎的时候，有暖流入心的感觉。

《红楼梦》里，有一种说法经常出现，“猪油蒙了心”。清水煮菜，在传统上充满了大鱼大肉的冬天，正好热热地浇在心头，把那些蠢腻化去，露出玲珑七窍来。我猜想这种做法，最早的时候，大约也是迫于生计的人们想出来的饮食之道。在无辣不欢的西南，主流的吃法还是要加一个蘸水。大多是把好干辣椒在火盆或者灶边慢火炕得糊脆，再拿到擂钵里棰成面，兑上盐、葱花，加点清汤，就可以蘸菜吃。云南还有直接用生辣椒面的，当然那种味道更加猛。蘸水是把这种轻浮无比的吃法，拉到生猛人间的一个关键。豆豉也是蘸水里的关键，黑色豆豉压成沱茶一样的坨，再陈放几年，会有浓厚深醇的味道，放到蘸水里，有别样的味道。或者是新鲜如纳豆一般的豆豉，和茶水、山苍子还有花椒辣椒盐一起腌制几天，得到水豆豉，再拿来做蘸水，味道绝赞。听上去寡淡，但拿这样的菜下饭，可以暴食好几大碗。

每年到了除夕左近，鸡鸭鱼肉涨价自不必说。而青菜会在一夜之间也价钱陡涨，盖因“一清二白”——也就是素煮的青菜和白菜——是黔省旧式家庭主妇在年夜饭上绝不可少的一道菜，甚至是最后镇台之菜肴。不但取青菜之“清白”，以图家里人来年做事磊落；素煮这道年夜饭最后时刻上场的菜，还有另外的讲究：不可切断，要整棵地煮，整棵地吃，意谓“长长久久”——我外婆尤其相信这种说法，不管除夕夜的青菜白菜卖多贵,一定要采买回来,煮了逼家中大小人服食下去。

而在除夕过后,年节剩下堆积如山的各种香肠腊肉,也一定需要这些清水煮的菜来配合,才能最终吃完。小时候家里还生火炉子,印象里就是一锅清冽的菜汤,放在一大海碗的腊肉香肠旁边合蒸,吃啊吃啊吃过一个冬天。

副食品

新春对抗鱼刺良方集锦

所谓的年年有“鱼”，在遭遇经济危机的春节显得尤其有其意义与重要性。在经济比天气更寒冷的时节，还有什么比除夕饭桌上一盘热腾腾的鱼和这盘鱼里面的好意头，更能温暖人心？不论南北，不论外食还是自家操刀，除夕夜，鱼总是要有一盘的，哪怕只是一条小小的有很多刺的鲫鱼。而且还要剩一点，以示“有余”。

有些地方有超级龟毛的习俗，除夕夜的鱼是不能翻身的，另外一半要留到初一再吃。不知这是否是因为当年物资匮乏，一年好不容易吃一次鱼，所以要把吃鱼的快乐延伸一天，所以才有了这种似是而非的民俗，还是有什么神话传说或者其他原因。农耕时代的节日总给人们带来口腹之娱，而彼时的禁忌就更能让人对鱼有深切的向往。现在大概自然就“余”了，除夕是保证物质供应的时候，总有吃也吃不完的东西。

如今的孩子们越来越幸福，吃鱼总有爸爸妈妈爷爷奶奶外公外婆齐心协力把鱼刺卸掉。前段时间与新入职的小同事吃饭，不过是吃再日常普通不过的带鱼，他还是一筷不动，全部拨到一边。问则答曰“不会吃鱼”,回家有妈妈帮忙挑刺的时候再吃,自己吃会被刺卡住。看来教育不单要解决上大学的问题,还要解决教小朋友吃鱼的问题,事关如何克服困难、服食营养丰富脂肪含量低的健康肉类,兹事体大。

食惯了麦记肯记快餐长大的小朋友,有一天也同样会直面“原来不是所有的鱼做出来都是没有刺、包着面炸好的鱼排”的真相。西方人也亟须这样的教育,尤其是当他们来到食品加工工业欠发达地区,面临没有鱼排和去刺鱼肉片供应的窘境的时候。传统的饮食观如果还不趁佳节之际认真普及,大概更加要分崩离析。鱼因为有腥味,总是要经历很多道的关卡才能上桌的——东南沿海嗜腥的烹饪方法除外,如果因为不会吃而慢待,总归是一件憾事。

所谓防患于未然,最好的方法就是秉持两个原则——细嚼慢咽、食不语,专注仔细认真地进行吃鱼活动。这样就算是最难搞定的鲫鱼、鲢鱼一类刺多得好像纱窗铁丝网一样的鱼,也不在话下。况且鲫鱼虽然刺多,但是肉味清甜,最适宜细细品;慢慢地服食也最能吃出这种平民鱼类的好处来。或者干脆选择鲶鱼,刺极少,只有脊椎一条;但鲶鱼太发,有伤口和炎症吃这种鱼就不够好。要么干脆选择三文鱼;但是如果要符合整鱼上桌的原则,三文鱼未免过于庞大——整条三文鱼若是家庭上桌,大概得是富人家的大 party,“只生一个好”的家庭现在怎么凑也凑不齐能吃掉整整一条三文鱼刺身的规模。

一旦出现问题,最传统也最谬误的方法是吞米饭和吞馒头,因为会把刺更深地推进喉咙。还有一种方法是喝醋,但是这种方法也有人做过科学实验,把鱼刺在醋里泡了几天也没见化。不过醋有消毒效果,至少对伤口没有坏处。另外一种是服食维生素 C,大概也因为它酸得尖锐,能够让人觉得鱼刺被化掉,不过是否果真如此,还需要实验证明。还有一种是吞食橘子瓣,不要咬碎,在不噎着的前提下一块一块吞下去,橘子肉表面的网状结构据说有希望把鱼刺卷出来。听上去这个办法很有科学道理。

巴西亚马逊流域是吃鱼圣地,大河里的食人鱼一旦离开了水,就变成餐桌上的佳品。但人们也经常被鱼刺所苦,亚马逊丛林里的巫师们可以帮他们想尽各种办法,从呼唤神祇到翻转餐桌上所有盛有鱼的盘子,或者是把炉子里烧煮过鱼的煤块扒到地上,要不就是吞食香蕉。这些方法听起来过于怪力乱神,不过至少可以有心理上的安慰。

毕竟如果不是非常大的鱼刺,喉咙表皮的排异功能总会把它排出来,运气好的时候这样就算结束了,运气不好的时候大概还会发炎。如果是很大的鱼刺,医院总是在那里的,医生总会帮你想办法。总之,练好吃鱼的本领,沉着应战,方才是新春佳节对抗鱼刺的最佳办法!

脆如凌雪

脆作为一种唇齿之间的审美感受被激赏,不知道是从什么时候开始的事情。但是,可以肯定,一千四百多年前,南北朝时候,人们一定很热爱脆的东西。《齐民要术》里面好多地方都提到要“脆”,“环饼”、“脆脯”、“甜脆脯”都是脆的东西,而且似乎都是那个年代的人们喜欢吃的东西。“脆”的最高境界,是脆如凌雪。所谓“凌雪”,当然不是香港片里的万年青王牌配角林雪,而是雪刚刚被冻上的状态,看上去很坚硬,但是一碰就会碎。一定要白而蓬松的雪被一阵寒风瞬间冻上,才能有这种松脆的想象空间。

“环饼”被学者们考证出来,就是炸馓子。按照贾思勰的说法,如果完全用奶来和面,炸出来就会非常脆,“脆如凌雪”,入口就碎了。而“脆脯”和“甜脆脯”,好像是我们今天熟悉的各种肉脯肉干,但在“脆”的程度上,就要强若干倍,也是“脆如凌雪”。甜脆脯尤其引人入胜,因为是用鹿肉做的,好像也并不用加上什么调料,但成品会有甜味。难道鹿肉天然有甜味?奈何鹿是如此可爱的受保护动物,关于鹿肉的滋味,也只能遐想向往一番作罢。

现在这样脆的肉脯是不太多了，更多的是绵而有劲，要充分用力才能撕咬开的肉脯。印象里似乎在吃过的各种肉脯（特别注明这种食物对痛风患者是不好的，并不那么健康）当中，勉强能够与这个想起来让人销魂的词挨上一点边的，大概是成都著名的旅游食品灯影牛肉，还有美珍香的肉脯。不过这些脆的肉脯虽然口感差相方佛，但是和《齐民要术》里形容的那种爽脆和清淡好像还是差了一些距离。雪，至少应该是比较素的。古代肉脯在制作当中要用精肉，切手掌厚片，直接阴干，没有加入油的步骤，想来成品也应该不太油腻。但是灯影牛肉和美珍香，要么是红油淹没，要么是猪油凝固在上面，让追求健康的人有些不寒而栗。西南的牛干巴，倒是符合制作过程，没有多余的顽固油渍，但是很难说上脆，而是韧劲非常。一定要充分调动牙齿和口腔各块肌肉的积极性，才能吃到口里。

可能薯片和各种膨化食品，现在最适合拿这个词来形容一番。这样说，心里有些矛盾，明明这些食物都是垃圾食品，却变成了和这个听上去就清雅脱俗的词放到一起的物事。但是细细想来，这个词几乎是各种主打“脆”感的食品的现成广告语，比如那些一口咬下去，就像炮仗一样散了的曲奇，完全能够鼓吹自己有冰冻白雪一样的口感。美国正在流行的烤薯片大概是其中最健康的一种，其他的脆口食物多半都是用油炮制而成，不是在面里加很多油，就是用很多油炸制，再或者是兼而有之。结果脆是脆了，但一定会伴随满口的油。

回到北魏贾思勰当太守的那个年代，这些脆如凌雪的食物，大概也离不开油。但是那个时代，油脂的恶名远比当今要小许多，不会令人望油生腻，所以可以满手油渍地拿着炸馓子大赞，“脆如凌雪！”而如今吃着薯片长大的一代，就只能读到“吃薯片相当于吸汽车尾气”一类惊悚的医学知识。

欢迎来到馅世界

一般来说，肉馅之所以被人们叫做肉馅，就是因为它们理论上应该是不可见的，应该是在咬开某种外皮才能感觉到。舌头先于目光接触到的东西，只能是“馅”。在很多地方，它又会变身成为“肉末”，比如在种类繁多的肉丸子当中，好似分子组成物质一般。

但是还有很多时候，它会摇身变为主菜，云贵、东南亚莫不如是。肉碎炒各种什菜，在地球的这一隅颇为流行。这不知是否也和曾经物产不丰有关，稍微往北一点，哪怕是不属于天府之国的川东地区，肉末或者肉碎都很难正经上饭桌，除非变成肉馅。将肉末作为菜的主料，恐怕只有酸豇豆之类特例，顶多也就是洒一点在麻婆豆腐的表面。而在云贵，肉末却是十分重要的主料和配料，几乎所有的什菜、酱菜都可以切碎和肉末一起炒上桌。

对于熟悉肉的“馅”之功能的人来说，这种配菜模式是非常费解的。有一次请一个蒙族兄弟去吃云南菜，那天不知为何，点上来的炒菜几乎全是肉末炒的：第一道菜上来，蒙族兄弟有点郁闷，“啊，肉馅！”第二道菜上来，“还是馅啊”，第三道菜，“怎么还是馅！”在他的带动之下，一向习惯了吃各种肉末菜肴的我，霎时感觉到了文化的差异，感觉到了在蒙族兄弟以及其他习惯大块吃肉的人心目中，我们这类热爱拿肉馅入菜的人，是多么地像一只巨大的饺子，或者馅饼，或者馄饨……

但是肉末真的是一种非常美好的食材啊。有很多地方有拿荤油炒素菜的传统，但没有现成荤油的时候，就拿肉末稍微过过油，这道菜就有了肉的鲜味。肉类金贵的年代，这样的菜都要算餐桌上的重头菜，绝对是下饭佳品。就算是现在，“黑三剁”、“红三剁”之类的菜，仍然受到劳动人民的欢迎，也仍然被很多人看做云南菜的代表。这大概与台湾著名的卤肉饭的原理差不多：肉末能够最大程度地与米饭结合，让每一口米饭当中都渗透着肉的香味。不论是拿九层塔辣椒圈炒肉末来拌一碗泰国香米饭，还是用酸萝卜碎炒肉末来拌一份红糙米饭，肉末与菜料交缠难分彼此的味道，都和米饭互相启发着，满足了人们吃饭最原始的要求：有菜有肉有饭。肉末还能在菜品的陪衬下，带出其他肉块、肉排、肉片都无法比拟的只有肉才有的轻盈感。在夏日，拿嫩玉米粒、青椒粒、西红柿粒与肉末同炒，清香不腻，各种口感集于一口，是最开胃而又不乏营养的佳品。

其实仔细想想，这种“馅”式吃法，有其健康道理所在。大块吃肉固然很爽，唇齿之间的油香一直穿透到胃里，带来极大的满足感，但是之后在身体里带来的后果却会很可怕。而肉末则要好很多。小小一团肉末，一样可以满足人们对肉味的偏好，而且还能让心里没有那么多的罪恶感。

血色餐桌

认识的很多西人朋友，一说起中餐都做赞不绝口状，但是否是“叶公好龙”，有一些指标可以用来考察一番，好比臭豆腐、兔头（这个指标可能不确切，因为就连一些国人都无法接受）、猪肠等各种下水。其中也包括了吃血这个事情：放一盘猪血鸭血在很多西人面前，效果与放一盆蠕虫相差无几。想起当年中山先生在《孙文学说之知易行难》里写到过，“吾往在粤垣，曾见有西人鄙中国人食猪血，以为粗恶野蛮者”。要说中山先生也是猪血的有力推手，力证猪血对于人体有各种益处，“不特不为粗恶野蛮，且极合于科学卫生也！”啊想来当年中山先生一定在猪血汤里吸取了无穷的革命力量！血色，不管怎么样都和革命紧密地联系在一起呢。

杀鸡时候最宝贵的东西，就是鸡血。总要拿个小碗先放上浅浅一个碗底的水，在水里小放一些盐，用来接鸡血。凝结了的鸡血，用西南官话来说叫做“鸡血旺子”，拿来烫豌豆尖汤是最鲜香不过了。按照“以形补形”的说法，据说还可以补血。还有一种非常粗犷的“凉拌生鸡血”的吃法流行于黔东，就是凝结了的生鸡血，用刀划开，加上葱蒜芫荽姜、酱油醋辣椒，拌匀即食。我一直没有勇气尝试。这种狂放的吃法有点让人联想起“茹毛饮血”，尤其是杀鸡取血的时候，鸡毛落到血上也不是稀罕的事情。

用我们的话来说，所有凝结了来吃的血，都是“血旺子”，说起来颇有好彩头的感觉。这样餐桌上的鸡血、鸭血乃至猪血，也就少了些冥顽不灵的野性，吃起来感觉更为安慰。鸡血如今市售的其实并不太多，倒是包装得好像豆腐一样的鸭血很容易买到，火锅一族尤其热爱。不过这样包装的鸭血吃起来经常没有原生态鸭血那种柔滑的感觉，吃口会有点硬，质量不好的还会一夹就碎，很让人失望。

猪血也是诸种旺子当中重要的一种，我一直热切怀念的贵州常规早点项目“肠旺面”，主料就是猪肠和猪血旺。南方有早上大吃一顿的好习惯。一碗肠旺面的面条表面会汪满了红油，堆着煮得软而入味又有嚼头的肠片，撒上肥瘦猪肉炸制的脆哨，旺子是要最后在沸腾的煮面汤里烫熟，再放进面条里，火候掌握得不好，就会过于绵韧，口感不好。我妈妈对旺子的嫩度要求非常高，以至于她要求煮面师傅烫血旺烫到半熟即可。偶尔我也尝试一两次这样的嫩旺，咬开以后中间还泛着血色，但是口感真的非常鲜嫩，可以从舌尖一路滑下喉咙。

除了用来做各种旺子，把血灌到各种肉或者豆腐的容器里做灌血肠、血豆腐，也是常规处理办法。像冬天这样杀猪的季节，泛滥的猪血经常会以那些容器作为中转地，进入人们的肚子这个最终的归宿，结束它作为猪血的形态，转化成其他的物质。东北的“杀猪菜”里，血肠貌似就是主要演员之一，用来配酸菜吃，也是冬日恩物了，和我们这边冬天用猪血和豆腐一起拌合、熏制的血豆腐，相隔大江大山地遥相呼应着。

油大的追求

“最是那上桌前的一勺明油，恰似水莲花一低头的娇羞”——这样移植自然是不对的，但是明油对于中国菜来说，却似乎是必不可少的点缀。出锅前的一勺明油，麻油也好，菜籽油也好，乃至让如今追求健康饮食的人士闻风丧胆的猪油也好，就像旧时神佛画像头顶上的那圈光环，让麻婆豆腐、水煮肉片之类小家碧玉系列的菜陡然就有了神仙气。

我们这些在厨房里默默打拼的人，每每面对自己做出的菜黯然神伤，甚至四十五度向天流泪：“为什么我们做的菜总是没有餐馆里端出来的好看？”其实答案就在那一勺油上。那一勺油带来的效果，除了让我们的腰肢变得无颜再和“肢”这个显得很纤细的词发生任何关系，更会让一道菜呈现出流光溢彩的效果，瞬间就如同去韩国整了一个容，焕然一新地回来了。

多年的丰足让食用油的重要性总是比不过石油和汽油。而对于过去的人们而言，油之矜贵古已有之；豪富之家只想要些清粥小菜，反而显出大气。平头小民家腊月里炸的酥肉一定要慢慢吃，把油细细煮到汤里。连蒸腊肉和香肠蒸出来的油也不可浪费，也是做菜汤的好作料。

要直到最近这些年，各种茶籽油、红花油、橄榄油之类，土的洋的油纷至沓来，敲击人们的脑海，提醒人们，其实食用油真的很讲究！

我们吃过最神奇的油，当属罂粟籽油——说明书上写着，国家法律准许出售，已经经过了“灭活”程序，绝对安全，不会上瘾！据我外公回忆，解放前吃过的没有“灭活”过的罂粟籽油，的确香美难言，有别样的感觉。但是这款“灭活”的罂粟籽油，承朋友的好意，吃了若干次，倒也没有感觉出多么异样的味道来，只是觉得十分矜贵，不敢大肆使用。每次只有“罂粟”这个词在心里产生一些异样的感觉，不过还没有传递到味蕾，半路上就“灭活”了。

油在过去有着决定性的象征意义。清末在成都做警察总监的贺伦夔，老家在湖北蒲圻。大家都传颂着他的外号：“贺油大”或者“贺油嘴”。他做过清末官府大员，后来又加入民国政府，据在政界很有追求的人而言，最后留名历史的是他对吃的爱好，不知贺总监在天有灵，是否有几分遗憾。在他的经历身上，“油大”尤其体现着在那个年代的美食体系当中的评价性作用。

“油大”对于他来说，绝不能光看字面，而是人们对于“美食”的最直接的象征性称号。贺伦夔实际上非常讲究，绝不止“油大”这点“乡坝”人们的低微追求。“美食美器”是贺总监摆宴席的原则。除了吃到当时名店“正兴园”的好菜，会让家里私厨照样学出来以外，他家藏的诸多古董名器，从来也不会像其他藏家一般，深宫大院地窖藏起来，而是用油浸润之。去贺总监家吃饭总是要很小心，打碎一只酒杯可能就是破坏古物了。也不知现在还有没有“贺派”的传人呢？

吃生肉

不知道为什么,也许是遗传的原因,吃生肉对我来说是比较匪夷所思的事情。也可能大概纯粹是挑食吧,生肉和诸多我不喜欢的食物构成了长长的“被个人冷落”的谱系。不管是鞑靼范儿的生吃牛肉也好,还是和风的生吃鱼类贝类也好,心底里和胃里总是有个地方难以接受。龙虾、三文鱼和河虾偶尔能在齿间留下美好的记忆,但之后总是有些惴惴的感觉。后来看到香港食神蔡澜在微博上很淡定地叫大家小心食用鱼生,因为可能有寄生虫之类的卫生问题,一下觉得很振奋:原来不是自己过分龟毛,而是肠胃暗暗向大脑传递了“吃生肉危险”的信号。

犹记小时候第一次吃鱼生,是被父母带着去一个“先富起来”的叔叔家吃饭。在一群贵州式菜肴上齐之后,大圆桌中间还空着。叔叔从厨房里端出来一条迷你龙船,干冰升华出的雾气让那个现在想起来其实很普通的房间里,突然有了仙境的幻觉。干冰这种东西,营造气氛相当有力,好比宋代文人热爱拿个香炉或者其他有孔器物,焚些香料做的香饼，看烟雾袅袅升起。二氧化碳雾中间，冰块上面，是龙虾肉刺身，配日式酱油和芥末，现在回想起来颅腔里还回荡着芥末冲天的气息和刺身爽脆口感的记忆，同时萦绕着第一次吃生肉的不安。

刺身在中国之崛起，早期可能都经历了这样一个过程，都有冰块加干冰的烘云托月。到现在自助日料店到处都是，一点也不稀罕，还有好多节约成本的地方直接就取消了干冰这种营造氛围的东西。这应该是鱼生之反击吧，一直到宋代，鱼生对于国人都并不陌生，所谓“脍不厌细”，好多学者考证都认为就是切生鱼片。《太平御览》里有不少关于人们吃生鱼片的故事，也提到了寄生虫的问题，还记述有人吃完生鱼片之后作呕吐出大量虫子的事情。看来真是有点惊心动魄。可见蔡澜的考量有着悠久传统。

鱼虾之外，陆生动物也常常被人生吃。生牛肉自然不用说，大名鼎鼎的鞑靼牛肉，亦舒师太还用这道菜作为女人有野性的标志。有些涮羊肉店也提供据说是上好的牛肉片和羊肉片，蘸麻酱生吃。吃过生肉，其实对于人们追求的“嫩”感能有更多的认识，搞不好就是以前吃生肉的年月留下的牙口记忆。生的肉吃起来一般都很柔嫩，是以吃牛排三分熟的话，不用一刀下去就已经血水泛滥了。伊比利亚火腿，也总是给我一种生肉的感觉，嫩则嫩矣，吃起来喉头总有一股腥气漾上来。

有科学家研究，说海苔虽然好，但大部分营养只有日本人能吸收。按照科学家们的推测，日本人与海苔的关系也是达尔文进化论的一个案例，因为长期食用海苔，所以进化出了能够尽可能吸收其中营养的某种肠内菌，其他人种则缺乏这种菌。我想我这样总是无法承受生肉，可能也是因为祖先没有吃生肉的传统——话说古代能吃鱼生的,也大多非富即贵,所以消化酶们看到生肉就胆战心惊,是从腹部向大脑发射害怕的信号吧。

猪油一球

在基隆庙口夜市,“邢记鼎边趖”店里的墙面上,有一张好似小广告的物事吸引了我——“猪油每球 50 元,2 斤多”。最近跑到宝岛,探望在这边某大学客座的相公,和他一起实现吃遍宝岛的雄心壮志。宝岛虽然说起来都是同文同种,但时时有文化撞击,食物尤其如此。我们吃的鼎边趖,并不油腻,汤底是完全陌生的味觉系统,能看见的有大颗的虾米,没有讨厌的海腥味,只有鲜味,还有新鲜香菇片。汤色呢,清澈见底,似乎并没有多少猪油的存在。

找到这家店,有赖宝岛饮食一哥焦桐。他不像蔡澜经常到大陆开拓市场,自己孜孜不倦地在台湾编一本不断有破产之虞的《饮食》杂志,每年编写《餐馆评鉴》,一口一口地把台湾各地食物吃完,把自己吃成了活体美食 GPRS。他最经常发出的感慨,是“拼了一条老命,也要吃”。在他面前,简直都不好意思提自己也写写饮食,怎么好意思一边喊着要减肥,一边还寻觅美食呢?实在是太“叶公好龙”,太虚伪。焦桐可是要以半百之年,和痛风、高血脂之类美食的大敌做斗争,可见美食家的确是一个对于健康有很大威胁的职业。

站在基隆庙口夜市的庙口,才能感觉到一群美男出演的《艋舺》里,“庙口”这个词有多么重大的意义。夜市就在奠济宫庙口所在的那条街上,绵延不绝,人来人往。彼时相公正在给焦桐打电话:“我们已经在基隆庙口了,应该吃什么?”那边几乎是不假思索地报出了“19 号的卤肉饭,31 号的肉羹,25 号的鼎边趖”。四下一望,发现自己背对的正是 25 号邢记,而邢记理论上来说,似乎就开在奠济宫的院子里。毫不犹豫坐下来了一碗这种由传统福建小吃演化而来的食物——稻米浆连煎带蒸得到的“鼎边趖”,配虾丸和肉丸,滑润得无以复加。然后再去旁边档口坐下,要两碗看上去很迷你、吃起来无比满足的卤肉饭;旁边坐的老伯和店里的阿姨絮絮说着话——不过都听不懂。卤肉饭里渗透了猪油,但每吃一口都无比香醇。之后又转战到另外一边的肉羹,很像是酥肉做的汤,肉外面裹的应该就是地瓜粉,汤里配了酸菜和香菜,汤底没有鼎边趖那般繁复,不过亦十分香滑。

吃完这三样,胃已经顶到了肋骨,只能含恨看着门口的台式天妇罗、油饭、臭豆腐、肉丸、蚵仔煎等食物,怨自己不能像牛一样有那么多可以驱遣的胃。在这些食物当中,猪油经常是背后黑手。猪油的味道很多人都无法接受,但用猪油来煎炸食物,能够取得非常酥脆的口感。焦桐所推重的台式“古早”味的做法,是蚵仔煎用的油通常要加入一定量的猪油,而其他的炸物的油里也经常要配以猪油。台湾的食物很多依赖油炸,淡水车站赫然有一个店招,上面写着“台湾炸物”。想到有那么多的猪油在油锅里跳动,立刻就和焦桐产生了共鸣:肥死算了!

某某小丸子

从小我就很热爱吃各种丸子，打什么时候开始有点记不清楚；但可以肯定的是，第一次在《食神》中看到的“撒尿牛丸”，以及“山鸡”挥棒捶打牛肉的英姿，至今仍然在心中萦回不去，时时在看到各种丸子的时候浮现出来，堪称“音容宛在”。后来在京城也吃到过几次，几乎无一例外咬开就是一包油，这要真是尿，那该丸子的前列腺大概病入膏肓了吧。

印象里这类丸类食品，也是随着改革开放，各地物流交通交汇发展，而开始深入内地的。之前北方大概只有油炸丸子，素的胡萝卜丸子，油的肉丸子，南方虽然有狮子头一路的丸子和蛋饺之类肉馅作品，但闽台粤式肉丸，不论是牛肉还是鱼肉虾肉，在内陆都还是很陌生的产品。花枝（墨鱼）之类的海产异名，就更是闻所未闻。如今在很多地方都可以轻松买到各种丸子，但鉴于如今近乎臭名昭著的食品加工业的现状，总是不敢贸然做太多尝试。浅尝辄止——经常是浅尝之后不得不止，肠胃会以实际行动发出告诫：此丸子不可取。尤其是那些疑似前列腺功能异常的“撒尿”系丸子，买现成煮好的吃，几乎每次都能给我带来痛苦。反倒是自己买的还能稍微强一点。

偶尔买，也要看产地，我会买一些台资企业在沿海工厂生产的牌子。大概是因为小时候看台资企业广告，受到冲击过大的原因吧，贻害至今。吃的时候有摸彩般的刺激感，因为不知道这些已经粉碎的东西到底是什么，吃过之后有没有什么严重的后果。还好一直幸存至今，不知算运气好还是不好。

台湾可能算是丸子的天堂。骑自行车在花莲小小的旧城区闲逛，离海边很近的就是早上的集市。集市上有专门加工丸子卖的店铺，门口大桌子上的笸箩里装满了新鲜出锅的鱼丸、虾丸、花枝丸、猪肉丸——台湾本省人有不吃牛肉的传统，所以很少见牛肉丸。冒着热气的丸子肉香四溢，飘得很远，好像空气里有看不见的手，扼住了路人的咽喉，一直拖到丸子旁边。可惜彼时已经饱食了一番花莲著名的“公正街”周记包子，不然一定要痛食几个，不会到现在引以为憾。

这些丸子都是用各种鱼浆做成的，在夜市上各种羹汤当中都会见到它们的芳踪，台湾发达的简餐里，它们也是汤品常客，口感皆软滑有劲，吃完有强烈的满足感。除了这些典型的丸子，在台湾食神焦桐的书《台湾味道》里，可以找到很多富有台湾特色的和丸子性质差不多的食物——“天妇罗”、“甜不辣”、“黑轮”等，它们都被我野蛮粗暴地归类于丸子之中。和我们所熟悉的日式“天妇罗”不一样，台湾的也是用鱼浆加工的，“甜不辣”亦是如此。“黑轮”则是台湾南部地区流行的，能吃出鱼虾花枝，口感繁复而华丽。台式“天妇罗”还吸引了很多日本人专程来吃，基隆庙口夜市尤其著名。

臭豆腐救命

根据一些人类学家的考证，我们的祖先很早很早的时候也是食腐动物，因为新鲜的肉很难消化，对于他们的牙齿也是很大的负担，所以先放到快烂的时候再吃。我很怀疑，对于臭豆腐、奶酪之类需要各种发酵过程，最终只是为了让它变臭的食物的爱好，是否是这种古老的味觉基因在起作用。因为它们确实也都又臭又软。

我对奶酪并没有太强烈的感情，但对臭豆腐，啊，闻到味道就走不动路了。其实臭豆腐的臭也是有很多层次的，而且并非只要臭就是好臭豆腐。我被无良小贩坑过一次，大概因为彼时汽车尾气味道浓烈，让我的嗅觉暂时失去了准头，又加上老公曾经是个坚定的反臭豆腐者，对于臭豆腐的臭味没有任何辨别力，我没有同好援手判断，就着了道。北京大街上摊贩贩卖的大多是这种臭豆腐，都打着湖南臭豆腐的旗号，还有北方口音人口口声声说自己是跟湖南师傅学的技术。此种臭豆腐颜色发黑，有种和下水道返潮相似的可疑味道，我硬着头皮吃了一口，嚼都没嚼就吐掉了。臭豆腐，不是这样臭的。

小时候吃臭豆腐,是放学路上意义重大的仪式。还没有炸的臭豆腐,是灰白色的,很大一块,炸好以后是金黄色,臭味没有呛人喉咙的味道,而是一种醇厚的乳酸萦绕其中的味道。我经常和小伙伴一起分一块,零用钱有限,只能两个人凑钱分食。炸好以后要加酱油醋香油,大量的酸豆角酸萝卜碎,炸酥的黄豆,香菜和葱花,还有甜酱,当然还有大量的辣椒。这种味道已经好久没有吃到了。到北京偶尔吃到好的广西臭豆腐,炸过以后加鲜肉汤,配酸豆角葱花香菜吃。基本上来说,都要把这种发酵的豆腐炸出金黄色,再配上重重的调料来吃。

据说臭豆腐是朱元璋除了发达的特务系统之外,另一项重要的发明。考虑到豆腐是淮南王刘安发明的,臭豆腐简直一路出身皇族。而且说明豆腐这种东西和安徽这块土地,实在有着难以割裂的亲密关系。所以我去安徽的时候就很期待吃臭豆腐,最终还是没有吃到那传说中和绿毛龟一样毛发茂盛的毛豆腐。普通臭豆腐倒是吃了不少,感觉并没有太出色,也可能因为我习惯了重口味,安徽臭豆腐的味道有些清淡吧。

在台湾,站在澎湖马公岛最热闹的街头,我捧着一份外卖的臭豆腐埋头苦吃,有一种得救的感觉。因为之前从小岛望安回澎湖的途中,遇上对于我这样小脑不够发达,平衡系统几乎白长的人来说,称得上惊涛骇浪的风浪——其实对那些正常人来说,也就是略有风浪而已,我猛烈地晕船,吐得带动周围的旅客齐齐开始呕吐。我把一天的粮食都交待了以后,虚虚弱弱走到澎湖街头,不知何故,最想吃的居然是臭豆腐。马公最好的臭豆腐店没有位置,只好要外卖一份,我端起来慢慢吃完,居然就恢复了元气。

台湾的臭豆腐实在非常发达,满街都有“臭臭锅”这种物体。一般臭豆腐有煎有蒸有煮,配上酸菜和甜甜的酱油膏,还可以加辣椒吃。在艋舺龙山寺旁边的万华夜市吃到大肠血旺和臭豆腐一起煮的锅,惊艳而归。不知何时才能再吃到,想来真是怅惘啊。

冰粉、木瓜水和爱玉冰

在没有冰箱，没有空调的年代，夏天如何消暑？井水里坺西瓜，柳荫下摇蒲扇。对于西南的人们来说，冰粉（四川、重庆、贵州叫法）/木瓜水（云南叫法）是夏天的一大享受。去台湾吃到正宗的爱玉冰，口感很像，思乡之情油然而生。大概西南老兵们在台湾，也用爱玉冰来一消夏日乡愁？当然这是我的臆想了。

从植物种类上来讲，西南三省一市的人民热爱的冰粉（姑且采取少数服从多数的叫法吧），是茄科植物假酸浆的种籽。而台湾人民的爱玉则是桑科植物爱玉的种籽。大概来说，前者可以说是草籽，后者则类似于树籽，二者都富含果胶，要做成夏日甜点，都要被大力揉搓，把里面的胶质挤出来，然后用石灰之类的凝固剂来凝结。听上去很惊悚，很黄很暴力，不但要揉搓，还要使用虎门销烟的利器——石灰。最终的成品会摆脱掉草籽和树籽的卑微形象，变得颤巍巍娇滴滴，柔若无骨，冰清玉洁。不过口感还是有区别的，冰粉的口感要柔韧一些，爱玉冰则更为脆爽。当然了，对于第一次吃它们的人来说，可能都会拿果冻作为参照系，只不过比果冻要“天然”很多。

我妈妈小的时候，夏天最向往的事情就是自己搓冰粉籽，用布袋包着树籽，放到水里搓。要用井水，搓完以后也要放到井水里冰着。吃的时候，放上冰糖水、花生芝麻碎。如今井已经是罕见的东西，我小时候姑姑家附近尚且还保留有一口“汪家大井”，水可以直接饮用，甜而且凉。新一代小朋友们对于井的印象恐怕只有下水井盖下面的污浊世界吧。在一些还没有丽江化的旅游景点，偶尔可以见到豪华加强版的冰粉，花生芝麻碎之外还要加上绿色红色的果脯丝，冰糖碎块，颜色十分喜庆，算是乡土版。都市豪华版是加上一堆新鲜水果，吃烧烤的时候来一碗，也是相当不错的，是以很多烧烤摊子旁边都有冰粉卖。

川渝的配方有一点点不一样：不放冰糖水，放红糖水，大多比较朴实，没有太多花哨。的确冰粉本身加上红糖，本身味道就已经足够了。到了云南，名字变成木瓜水，又经常加的是玫瑰糖了，玫瑰味道又浓又美。我第一次听到木瓜水这个名字的时候，小小兴奋了一番，以为会是浓浓的一碗木瓜果汁。结果端上来就产生了狐疑，这难道不就是冰粉么？吃一口就不狐疑了，真的就是一种东西。但是究竟为什么叫做木瓜水，至今不得其解，大概要问云南本地人了。

第一次在台湾吃爱玉冰的时候也有同样的疑惑，那是在拍《艋舺》的龙山寺附近的万华夜市，台湾姐姐推荐的一家爱玉冰，她从小吃到大的。柠檬味道，很爽口，确实很像冰粉，但确实不是同一种东西。据说那种植物是台湾独有的一个亚种，大概是在岛屿上演化出来的吧。假使万物有灵，西南一隅的冰粉不知道会不会隔着千山万水，去台湾认个干亲。

肉山酒海庆中元

梅特林克在《青鸟》里写道，死去的人其实并没有离开我们，每当我们想起他们，他们就又回到我们身边。按照这样的说法，“七月半”或者说中元节、盂兰盆节的时候，天上地下的交通一定十分拥堵，堪比“春运”一般热闹。

旧年间，中元节亦是人间的一次游园会，荷花灯在四处的水面上漂荡，如今北京的前海一带就是当年皇家放河灯的地方。《红楼梦》里的“打醮”道场，是道教的法事；而佛教里则是“目莲救母”的故事；到了民间会衍生出演得连篇累牍的《目莲戏》——可能要算以前的特效大片吧，弘扬孝道之精髓，附送各种地狱景象和武打动作。此外放“焰口”的仪式也颇为重要，法师要将食物向四方抛撒三次，以保证无主可依的孤魂野鬼也能得到供养。

和所有的节日一样，中元节也讲究吃，而且还特特与吃有关。农历七月过半，地里庄稼小有收成，羊肉正肥，是时候请先人们同乐。吃在这个节日当中，占的分量颇大，按照《佛说盂兰盆经》的说法，目莲之母在地狱中受苦，就是极饿而不得食，就算目莲施展神法，为她变出食物，进嘴也会化作火炭，徒增更多苦难。佛为目莲给出的解决方案，就是以百味供养十方僧众，颐养功德。节日本身的重点是给彼岸世界的祖先们供养，但供养完了，百味食物还是让此岸的人活鲜鲜地吃了。

平日里，老人家们可能会禁止小辈将一双筷子插在满满一碗米饭上——供祖先们享用，才这样插筷子。而到了这一日，就要以全部的诚意来供养祖先们了。老说法是从七月初十开始天门就开了，祖先们各回各家，各找各后代。在这段时间里，要天天上供，让祖先们过好这个难得的暑假。到了七月十五，天门又将重新关闭，就要给祖先们整治一顿丰盛得堪比过年的饭菜：一是送别，二是娱亲。要再过几个月，到农历十月的寒衣节，忙碌马虎的后人们才能再次想起祖先们，再次送去祝福和问候。

既然都说是百味了，所以就是怎么丰盛怎么来了，于是清人王凯泰会这样描绘当时福建的中元节："肉山酒海庆中元"。如此欢腾喜庆的场面，想一想都觉得激动人心啊。不过各地也有不同的食俗：河北一带如果不宰羊，也会做面羊。而江西一些地方讲究抢包子，不是麦兜心向往之的抢包山，而是妇孺们聚集在一起，抢台上法师扔下来的包子，据说无子妇女抢到就会怀孕，而小孩抢到可以一生不受惊吓。江浙一带有吃扁食与春卷的，而且多以甜味做主打滋味。此时亦是瓜果盛产的季节，北方也有地方讲究吃瓜，还把这个节日叫做"瓜节"。

不过这些都是旧习俗了，忙碌的现代社会，子孙们忙着打拼，祖先们时常被忘记，想来会很落寞吧。如今好像能记住在七月十五烧纸银，就已经算不错了。还有人直接把这一日叫做“鬼节”,加上夜深烧纸的景象,搞得气氛颇为凄清。其实这一日曾经是很热烈的,还有那许多的好东西吃。

肉月饼

小时候第一次吃到双黄莲蓉月饼，心中充满了困惑。困惑来自之前对于“月饼”这个概念的认知。首先从皮开始，我从小吃的所谓黔式月饼，是酥壳的，用贾思勰那个时代的话来说，有“脆如凌雪”的口感。而广式月饼，是软软的那个样子。其次看馅，黔式月饼偏重于肉，火腿、叉烧是惯用的料。而广式月饼又大多是素的。

还有一种料，恐怕只有黔省这个往年平日里很难吃到肉的省份，才会使用吧。这种料通常出现在一款“水晶月饼”当中，如果有人被这个曼妙的名字所惑，来上一个的话，恐怕会大失所望。所谓的“水晶”，确实晶亮透明，其中之一就是——肥肉。另外还不可缺少的料，是大粒原颗的冰糖。对于知情人来说，食用此种月饼需要勇气。倒不是因为脂肪率过高，对健康有碍——能鼓起勇气吃所有月饼的人，开口的瞬间，“健康”这个词都已经被流放到了外太空。关键是肥肉粒混杂着冰糖粒，以及其他甜蜜填料还有酥皮，在嘴里引发的是一场诡异的风暴，猪油搞不好会从嘴边流出来。其实对于成日饥肠辘辘毫无油水的旧年百姓来说,水晶月饼还是一次满足“油大”追求的机会。不过随着肥肉的形象越来越差,水晶月饼也就跟着走下坡路了。我怀疑现在还有没有这样的肥肉月饼,恐怕消费群体已经完全不存在了吧?

云贵都很热爱在月饼里加上很多肉,近年来在食物爱好者群体当中走红的云腿月饼要算其中走出西南的代表。但细算起来,云贵这些月饼可能又要归入江浙苏式月饼的影响圈当中。不过苏式月饼以鲜肉见长,云南强调火腿,身处珠江流域的贵州则又加上了叉烧。这些月饼的保质期比起广式月饼来,都要短很多。不加紧吃,在秋老虎还徘徊不去的中秋节前后,很快就会“哈”掉。前些年我曾祖母还在世的时候,她老人家长居北京,我每次秋季开学都要从贵州给她带黔式月饼,老人家九十多了还念叨要吃叉烧火腿月饼。带去了她又常常舍不得吃,放着放着就坏了。

苏式月饼的保质期貌似还要更短,鲜肉比起叉烧和火腿来,自然更加不经放。鲜肉的月饼必须要新鲜出炉就赶快吃下,和海鲜一样,讲究靠近产地,离开原产地,就会有味道的损耗。不过小时候吃过内迁三线的苏州阿姨亲手制作的,料下得足,酥皮滋滋冒油,肉馅带着葱香,鲜到不行。那个阿姨终老贵州,子女无一个会说苏州话。想来那时我吃的不是月饼,而是思乡的寂寞。

月饼之谓月饼,据说最早与朱元璋起事有关。如此说来,馅里有肉的月饼恐怕都无资格被叫做“月饼”?因为“食菜事魔”的明教,月饼肯定是素的。顺着这条思路下去,倒也颇有一番意趣,各种馅料,各种皮的饼,是怎样在历史的长河当中最终都出现在八月十五,然后被叫做月饼的呢?

带鱼统治中国的年代

虽说吃带鱼好像是春天最好，满含春情的带鱼们在海里游弋，全身脂肪都集结了起来，要为即将到来的交配和产卵做好准备。不过对于很多对计划经济时代有所记忆的人们来说，带鱼是属于秋天和冬天的。尤其是进了深秋，各种计划经济时代的单位会在一些不同的节庆时候，发下一些冰冻的带鱼，是为彼时的福利。一直到现在，一些颇有豪爽之气的单位仍然会在年节时候，用成箱的带鱼和其他海鱼一起，慰问离退休的老人们。我姑父所在的单位就是如此，每年过年听他说起又"发"了什么东西，恍然有时空倒错的感觉。

带鱼恐怕是计划经济时代统治了大半个中国的鱼类吧。几乎每个70后，对于带鱼都会有各种记忆。我的记忆，是和哥哥雀跃地帮助爹妈收拾带鱼，用盐薄薄涂上，看老爸老妈拿专门用来挂肉类的衣架把带鱼挂起来——不挂带鱼的时候，挂的是香肠和腊肉，当然在物资匮乏的年代，其实大多数时候都是空着的。那时记忆里父母工作的地方，夏天是和西瓜联系在一起的，冬天是和带鱼联系在一起的。总之那时信以为真，以为只有单位才可以去买西瓜和带鱼，买了来发给大家。后来才明白，这种类似于团购先驱的行为，一定是当时的工会之类的组织特有的职能。

把带鱼挂起来，还要防备家里的猫咪。晾得差不多干了以后，才继续深加工。那时冰箱还是稀罕物，总要先起大油锅，倒小半锅的菜籽油，把所有的带鱼全部炸好放起来，才可以放得久一些。也许是因为家里有两个孩子，小时候总是有种什么都不够吃的感觉。带鱼也是，这种半成品的带鱼，我和哥哥都经常偷着吃，吃到拉肚子也不是一次两次。但最悲剧的还不是我们拉肚子，而是小时候家里养的一只猫，活生生因为贪吃我们吃剩下的鱼骨头，撑死了。直到现在偶尔吃一次带鱼，还会心底里淡淡地想起那只黑白黄的三花猫，不知天堂里有没有足够的带鱼骨头给它吃？

不过如今这种鱼已经颇为不上台面，而且大概是因为心里都认定了这种鱼就是低贱的象征，餐馆里加工得也颇为不上台面，连内脏还有血经常都不清理干净。当然这也仅仅是一些中低档餐馆的所作所为，高端的餐馆很难见到带鱼这道菜了。倒是老百姓们的餐桌上经常见，小区里隔三岔五就会自不明方向飘来熟悉的炸带鱼的味道。可惜老公自小吃烦了带鱼（可见家里不缺吃的），而且厌恶各种海鱼，所以大部分时候也只能闻闻味道就罢了。遗憾啊，从小练就的煎带鱼不扑干粉不裹蛋糊但绝不沾锅的本事，很少能演练一番了。

前几日和一群朋友团游，提供的自助餐里有煎得咸咸香香，收拾得很干净的带鱼，开心地拿了几块。席间说起带鱼记忆，一位在山西长大的大哥颇为怅惘,而一位台湾来的大哥居然也很感慨。他倒是没有计划经济时代那些记忆,但是他苦读准备考研究院的穷困岁月中,每日只能煎白带鱼下饭。

濑尿皮皮虾

看如今秋风的走势，恐怕还得有一个月，“蟹脚肥”的喜人场面才能出现。北方天气冷，倘若是在白洋淀还浩浩荡荡的时候呢，还能够指望一下白洋淀螃蟹。这种螃蟹当年属于“洛蟹”分支，也是北方名蟹了。现在白洋淀水势远远不能与以往相比，新迁来的螃蟹恐怕也无法重现旧味。南方更是一片酷热，母蟹的黄，公蟹的膏，大概都还在另一个时空当中，慢悠悠往我们所在的时空一路长过来。而市上虽然已经有了东北盘锦一带过来的螃蟹，奈何还是稍嫌幼齿了一些。秋天最让人期待的螃蟹，还需要人们继续充满期待和口水地等待一阵子。

倒是海鲜，现在正是接近季尾，好比花开接近花事了的时段。尤其最近黄渤海休渔期才刚结束，新鲜海鲜源源不断地朝市场和餐桌奔涌过来，正是吃皮皮虾的最后机会，北方下一季的皮皮虾，要等到明年春夏之交。批发市场里的皮皮虾现在价格极贱，可以买到 6 块钱 1 斤的活皮皮虾。肉粉色的虾在柜台上堆成山一般，兀自蠕动，看得人心里痒痒，忍不住要盘算，买回去是清蒸了呢还是椒盐了呢？

秋天的皮皮虾，比不上春夏之交的皮皮虾。春末是皮皮虾繁殖盛期，它们积蓄的所有能量都要用上，肉最肥膏最多。不过秋天也是吃皮皮虾的好时候，因为繁殖季节已过，它们重新开始积蓄能量，又开始渐渐肥了起来。到十一月又是一个吃皮皮虾的顶峰。

此种虾生产于黄、渤海一带，堪称天津代表性海鲜，以至于有“双龙戏珠”到了天津就演变为“皮皮虾玩球”的经典段子。海边新鲜捞起来，哪怕只是扔到盐水里煮一煮，一样有甜美味道。拿天津特产的玫瑰露酒来烧制，也是一个选择，正好皮皮虾熟透以后有诱人的玫瑰色，与熟了总是橙红色的别种虾有些不同的美感。或者按照江浙吃法，清蒸以后蘸醋吃，再或者是粤广一带的椒盐做法，都有一番滋味。以往的川菜里若有海味，多半也是干制之后的虾干海蜇之类。现在天下渠通，海鲜食材也进入川厨视野，按照“麻辣香锅”的做法，操作香辣皮皮虾，也不失为一个选择。不过讲求海鲜本味的饕客，恐怕会觉得香辣的做法有辱海格，只能吃一堆香料味道。

在中国地图上往南奔袭，皮皮虾的名字就变了，叫做“濑尿虾”，或者“虾牯”。在温暖的南中国海里，这种在北方最多长到手掌长短的虾，任其自由发展，可以长到半米左右。北方的皮皮虾们，假使遇到南方的濑尿虾，大概要大大地羞愧于自己短小的身材。在南部沿海，从10月到4月都可以连续不断地吃，真是羡煞北方人。看过周星驰黄金时代电影的人，恐怕谁也不能忘记《食神》里，李兆基身披轻纱，海滨曼舞的场景，那便是形容史蒂芬周调制出的濑尿牛丸的味道。但所以叫它濑尿，倒不是因为濑尿牛丸，而是因为这种动物极富抵抗精神，被抓捕时会喷出大量体液，粤语就用与“尿尿”一个意思的“濑尿”来形容。可惜应对人类，这招无法克敌制胜。

潮汕人热爱吃这种节肢动物，用盐或者酱油清腌一二日之后食用，有呛虾风致。濑尿牛丸的做法，看上去也颇为靠近潮汕口味，牛丸本身就是那里的特产，而濑尿虾又是潮汕人士心头热爱的食物。话说不管叫皮皮虾还是濑尿虾，这种东西吃起来都要费一番劲。活着的时候，它用濑尿来做殊死抵抗，熟了以后，它的硬壳无疑是最后一道堡垒。尤其是腹部的脚足部分，颇为锋利，吃的时候很容易扎破手指。如果是年岁稍大的皮皮虾，其“皮皮”就更已经不是一般徒手可以解决的了，需要佐以工具。所以一盘玫瑰色香喷喷的皮皮虾上来，有使用筷子顶开的，还有直接使用剪刀的。但沿海人民也有徒手格斗濑尿虾的神技，我的一个潮州朋友曾经演示过，双手温柔地将虾首尾捉住，轻轻抖动，抚摸虾壳几次，从尾部一揪，肉和壳就会分离开。据说福建也有类似秘法，且都是家中父母长辈从小就会教授的技术，几乎要成为一地的文化身份认同象征。可惜它虽然比青虾之属复杂和坚硬些，但又没有大闸蟹那么坚硬和复杂，所以还未发展出一整套的品尝工具，不比大闸蟹，激发出人们的创造精神，制作专门的食蟹工具。所以还是只能停留在非物质文化遗产的层面，无法再上层楼。

南方深海里捞到的濑尿虾，能有众多超越“皮皮”的优良品质，更大更高更强。身材自然不必说，有些亚种比如斑马濑尿虾，不但身长而且壳软，拿来油浸之后，酥壳可以一起吃下，肉则嫩而甜美。一般来说，皮皮虾总是出没于夜市、大排档之类劳动人民喜闻乐见的场所，属于平易近人的海鲜品种。但也有比普通濑尿虾价格昂贵许多的高档皮皮虾,粤广讲究肉甜膏滑,斑马濑尿虾的膏能有大闸蟹高峰时刻一触即爆的效果,就比一般的濑尿虾要贵上许多。

羊脂如何与白玉发生关系

早年间,陈佩斯和朱时茂在春晚里演过卖羊肉串的段子,陈佩斯冒充新疆维族大叔。现在北京街头支摊子的本身就少,烤羊肉串的维族大叔就更少了,只有各色新疆菜馆临街的窗口,能瞥见维族大叔或者兄弟们勤恳烤肉的雄姿。不过也有说法,这些新疆馆子的第一桶金,都来自于在街边摆烤羊肉串摊。话说所有的烤羊肉串,最紧要的其实都不是肉,而是中间夹的两块羊尾巴油,羊肉串够不够香,就看它们了——本来羊尾巴里储存的脂肪,就是绵羊们过冬的指望,堪称羊生浓缩精华。

南方人对羊肉普遍都没有太深感情,更不用说羊尾巴油。南方的绵羊没有北方那么多,倒是山羊到处有。山羊的尾巴比起绵羊的尾巴,规模就要小很多,温暖的南方也用不着它们在尾巴里储存那么多能量。所以吃"东山羊"的地方,就算有羊尾煲,也是净净寡寡的一群尾巴开会,虽然说胶质之类养颜能量不输猪尾巴,但看上去细细的总是让人觉得有些可怜。

北方就大不一样。从所谓“羊脂白玉”这样的说法就可以看出，羊油在北方人心目中有多么崇高的地位。就好比《羊脂球》这样的译名，在南方多半会让人觉得女主角长得有些肥腻，北方反而会觉得她温润可人。当然在动物脂肪饱受歧视的今天，大概哪里的人都会觉得“羊脂球”听上去就有些油腻吧。不过在古代，“脂”还是地位很高上的，不然，“肤若凝脂”这样的说法也就丝毫体现不出“褒义词”的境界了。

羊脂的地位恐怕比其他“脂”要更高一些。现在街边虽然没有了维族大叔摆摊卖羊肉串，但经常会有行色匆匆的维族兄弟们高举一串玉石，“和田白玉，要不要？”大块的玉石看上去，还真的很像羊尾巴油的感觉。大抵当年的北方人们，也就是把羊尾巴剖出油来，看到那坨白腻的脂肪，心旌摇曳，后来再找到玉石，就以此名之。

如今普通的小涮肉馆，能有手切羊肉就可傲视同侪，其实能不能吃到羊尾巴油，对涮肉馆是很重要的评判标志。前几天一个客居他国10年的朋友回京，到东来顺最先点的就是一盘羊尾巴油。羊尾巴油刨成薄片，铜锅里一涮，入口极为细滑肥嫩，并不觉得腻，只有非常轻飘的感觉。要吃一盘涮羊尾巴油，才能更深地体会到人们为何将白玉和羊脂这两种东西联系到一起，果然那种柔润，舌尖与指尖的感觉是一样的。

还有一种基本上已经快要被忘记的甜点——“炸羊尾”，南北皆有。我一直疑心这是元代之后的吃食，与回族人四处迁居有关。据说经典的做法，是用羊油裹鸡蛋面糊下锅炸，炸到金黄之后蘸糖吃，一咬就流一口油。油炸物蘸白糖这种吃法，就是从波斯而来，元代之后大为兴盛,从“炸羊尾”略可见当年食物风采。小时候过年,家里都要做,不过把羊尾巴油换成猪板油,大约是汉地变种,那真是肥腻,一般人绝对挺不过第二块。现在还有把夹心从油换成豆沙的,油脂少很多,味道也平和,只不过离“羊尾巴”就越来越远,只徒具其形而已罢了。

酥肉地理学

冬天里百物凋敝，尤其最近天气异常，北方气温一再创出新低，让人的心情都有些寒冷。《红楼梦》里经常说，猪油蒙了心。不过被蒙住的心大约应该是比较快乐的吧，不是有说法是“什么都不知道，就相信的人有福了”。反而是开了灵机窍的人，总是被烦恼包围，好比林黛玉之类的聪明人，显而易见是平常肉吃得少。

西南乡下冬天宴客，腊肉香肠总少不了，还有一样菜，结婚过年都必备——就是万能的酥肉。酥肉做起来并不复杂，肥瘦肉用鸡蛋面糊裹了一炸，冷吃热吃皆宜。当年的小孩子们最喜欢——炸得好的酥肉，皮真的很酥，当零嘴吃最合适。后来吃传说中的天妇罗，心里暗想，啊不过是酥肉的面糊裹其他的东西炸嘛！不过是炸点虾和洋葱嘛！还不是一种酥肉。这种炸物费工费事，要不停地盯着油锅，炸完以后身上满是油烟气，连头发和手指缝里也不能幸免。如今的家庭主妇主男恐怕愿意做的人也少了，做一次这个就能深刻地感觉到什么叫做烟火气。

酥肉在西北也颇为流行,甚至在敦煌出土的卷子里还有记录,某阴姓豪门出嫁女儿的菜单里,就有类似的做法。那时用来炸酥肉的油也和现在差不多,多用菜籽油,讲究的寺庙和豪门会用脂麻油,也就是芝麻油。用脂麻油炸出来的酥肉,肯定香飘万里,足以让低门矮户人家羡慕半天。如今说起来这种吃法,基本都属于农家乐风格。没有一颗返璞归真的心,不能抛却一切关于肥的顾虑,一咬就能从嘴角流出一缕油的酥肉,吃之前还是需要斟酌再三的。

乡下现在还有上门厨子,西南厨子做的酥肉极其彪悍,几乎要类似于一种近乎绝迹的吃食:炸羊尾。炸羊尾也是用面衣裹肉,和用肥瘦肉的酥肉不同,它选用的是跟肥膘只差一步的纯肥肉,炸好了还要用白糖来蘸着吃。小时候家里过年,奶奶还做过这道菜。哇那才是真正的猪油蒙心,吃完一颗立时就感觉到自己的一颗心都浸透在一片油汪汪的大海中央,有透不过气的感觉。不知过去的人们,一年到头吃不到多少肉,乍一吃炸羊尾这样的厚味料理,到底会感觉到幸福,还是茫然呢?相比之下,酥肉显得要平易近人得多了。

而对于东北的人来说,酥肉可能只是“锅包肉”之类菜品的未完成品,直接吃有些太不体面了——就有这么着急么?都不等挂个卤汁再吃?光这么吃有什么意思?这种时候,西南西北的烩酥肉就能出来抗衡一阵,向“锅包肉”、“软炸里脊”辩白一下:酥肉也有炸完以后继续加工了再吃的时候。直接吃炸好的酥肉,是比较孩子气的选择。西南西北的成年人吃法,是要再烩过的,冬天里用鸡汤、青菜、蘑菇烩上一份酥肉,最好是加上一点豌豆尖,鲜得不得了。要用来烩的酥肉,最好是用红薯淀粉来做面衣,在汤锅里久煮不烂,却入口即化,嫩滑得不像话。但要吃脆口的酥肉,还是用面粉来做面衣最合适。现在有些商家会再加上泡打粉,吃起来就有了点可疑的甜味,颇让人不喜。

热气羊肉

几年前，也是冬天时候，一个姐姐从上海过来北京，问她想吃什么，答案是“热气羊肉”！四个字里充满了各种按捺不住、渴望和等待已久的深情。但是这四个字把我结结实实地难住了，完全摸不着头脑。按照我的理解，这就是“涮羊肉”。“热气”大概指的是老人家们说的羊肉性温，吃了会上火？

她那次来访，因为另有公干，所以活动范围颇为紧窄。我想着涮羊肉这么北京的吃食，附近无论如何也应该有，于是拉着她四处溜达。果然附近就有著名连锁非东来顺涮肉一家。姐姐冲进去就问有没有“热气羊肉”，我想店小二的感觉大概与我相同，他顺口就回答说有。结果姐姐朝各张桌子张望一眼，偷偷给我使个眼色，我们就又回到了烈烈寒风中。

在她狭窄的行动范围内，居然也找到了不下三家涮肉馆子。直到第三家，进门有一个师傅雄踞于案板之前，默默地切着羊肉，姐姐眼睛一亮，拉着我坐下了。于是我心里想，“热气羊肉”是不是就是“手切羊肉”？其实那倒也不难满足，老北京涮肉馆子多半会提供手切羊肉，涮羊肉用的羊肉最早肯定是切出来的，不可能那时就有刨肉的机器。至于那顿“热气羊肉”的味道究竟如何，现在我已经不记得了。只记得姐姐一边吃，一边回忆着小时候，家里人不让她吃这种羊肉，理由也是会上火。

后来四处询问加实地查探，发现“热气羊肉”貌似一个只在上海及其周边使用的词汇。在上海，有很多“热气羊肉”的店名都和“老北京”有些关系。每次去上海，看到“热气羊肉”招牌的时候，脑海中浮现的就是那个在案板前默默切肉的师傅。在上海，似乎人们还认定，“热气羊肉”就是没有冻过的鲜羊肉直接切薄片。如果是这样，那大概吃的都是上海周边比如崇明岛之类地方产的羊吧？否则很难做到不冷冻直接切片，就算如今物流发达，想来也让人有些犯难，冷冻或者低温冷藏似乎是不可避免的。

至于这个说法如何在上海人民的心目中，变成一个约定俗成的常识，这大概只能交给文史爱好者们去细加考证了。不可否认的是，这个词组真是极为传神，看到此四个字，就好似有铜锅里沸腾的涮肉香味扑面而来，前味是略有些腥膻的羊肉味道，中味则是各种秘制小料中都会有的芝麻酱和酱豆腐还有韭菜花的味道，后味是咽下羊肉以后，口腔中留下的独特的甜味，以及直冲头顶的羊肉的“热气”带来的灌顶真气。

它们组合在一起，传递出强烈的季节感。盖因在西北之外的很多地方，集中地吃羊肉，都是一种冬季的行为。每当冬天来临的时候，在中国辽阔的大地上，不知有多少地方的人们，需要从一碗热腾腾的羊肉汤里，汲取度过整个寒冬的力量。

尤其是在冬至这个标志性的节气，饶是过去那些食物并不那么丰裕的年代，在不少地方，冬至吃羊肉之重要性，堪比北方冬至的一口饺子。我一直记得计划经济时代的童年，亲戚们之间表达亲情的重要方式之一，就是在冬至那一天，从寒风凛冽的门外进来，手里拎着一块草绳扎好的羊肉。多半是一块肥瘦相间，最好表面还有羊油凝固的羊肉。

不过并非所有地方的羊都像口外羊肉质量那么好，尤其在南方，抓一头南方山地大量放养的黑山羊，切了片直接涮着吃，那就会造成一场终身不吃羊肉的噩梦。不论是海南东山羊，还是崇明白山羊，还是四川著名的简阳羊汤，羊肉都是需要被"治理"的。史上有个说法，"秦人善治羊"，也说明就算是西北人民，羊肉也不是说吃就吃，各种香料都必不可少。在西北之外，羊肉体味浓郁的诸多地方，更是需要各种方法来去除羊们特有的味道。小茴香、陈皮、花椒、八角、草果、白芷、砂仁……种种香料在不同的地方会有不同的组合，集结到一起，来对羊的体味进行综合治理。炖羊肉汤，也和其他肉类的飞水程序不同，最好是拿姜葱蒜料酒或者白酒——私以为白酒更够劲道，和生羊肉块在油里爆炒，直到把血水炒干，才捞出羊肉块来，单独和香料包同炖。炖好了洒上芫荽和香葱末，大功圆满。剩下的浓缩了羊肉体味的油，请不要吝惜，直接倒掉吧。或者如果有可以施展爱心的地方，这个油拌上米饭喂寒风中的流泪猫狗，倒也是好去处。

靠近朔漠草原的人们，在吃羊肉这个问题上，绝对是有福的。而这些地方，尤其是汉族聚居的地方，冬至一般也就讲究吃个饺子。相对于那些要隆而重之在冬至费尽心机地做羊肉来吃，像过节一般的其他地方的人而言，这种行为绝对是一种炫耀。就像新疆维吾尔族人民的手把肉，不过是羊肉在清水里煮熟，讲究一点也就是加一点红萝卜、洋葱，然后蘸着胡椒盐吃，那种原始甜美的味道，绝对是地方性的体验，离开了新疆味道就会改变。到了其他南方地方，没有独门香料包，要做出美味的羊肉谈何容易！不少南方人从小坐下了不吃羊肉的病根，大抵也就是没有吃到治理得宜的羊肉的缘故。

但是南方同样也有极好的羊肉。海南大名鼎鼎的东山羊自然不必说，已经名动西南的简阳羊肉汤在此也不表了。我最怀念的还是贵州街头的羊肉粉和羊杂粉。据说多半发源于靠近云南的水城，用的大多是黑山羊肉，带糯糯的黑色皮。至今我还记得五岁的冬天，在街头捧着吃一碗加了脑花的羊肉粉，吃着吃着，筷子和嘴边都凝起了滑滑的油脂，好像自己在吃羊肉味道的霜。

实践

杀鸡记

回老家过年的前一天，打电话给二老报平安。老妈欢欣鼓舞的声音从电话那边穿过将近两千公里，传到耳边："三舅妈给你们俩买了一对鸡，都是在农民家现抓的。"老公战战兢兢、小心翼翼地问了一句："活的？"老妈积极肯定，说就等着热衷厨艺的老公回去杀了。

其时北京刚刚有一例人感染禽流感死亡病例，于是一路上我们俩都忧心忡忡。到家检视厨房，赫然有一巨只公鸡的尸体躺在案板上。"杀是已经杀好了，怎么做，都交给你了。"我爹这句话当中俨然有仪式感，以往这样高级的任务都是他老人家自己来完成的。说完这句话，我爹还郑重地问道，"你会杀鸡么？"老公赶紧诚惶诚恐地回答"会"，得到老人家赞许的眼神，还有一句让老公更加痛苦的话，"那么母鸡就交给你杀了，三十夜早上杀了炖汤"。

如今杀鸡对于很多城市里生活的人，都是过去的记忆了。尤其是北京，活禽交易已经停止了许久，想要一睹活鸡芳踪，恐怕一定要到郊外各种农家乐之类的地方才有可能，遑论杀鸡。眼下禽流感仍然阴魂不散，可以想见，再过几年，城市小朋友们可能只能在课本上和动物园里了解什么叫做活鸡。而且教学参考书里还应该注明，各种鸡块、鸡腿、鸡翅和这种叫做“鸡”的动物有很大的关系。

早年间，杀鸡宰鱼对于少年人来说，是类似于“成人礼”的仪式。物资和服务双双匮乏的年代，要吃一只鸡要经历漫长的过程，从买小鸡苗来自己养，一路到最后自己杀。我很不幸没有通过这个成人礼，就算是生物课上解剖鱼，也千方百计地把机会让给了其他同学。因为家中的鸡一般都是我来照顾，虽然它们不是什么特别可爱的生物，但日久天长感情还是不浅，更是下不了手。老公的少年虽然比我完整一些，但也多年不操练了，难免惴惴。

舅妈专门打电话来，形容了一番她在农民家院子里四下奔扑，才捉到这对彪悍老鸡的过程。这番话说得老公更加惶恐，只待三十那天一到，可以结束母鸡和老公的双重痛苦。

到了腊月二十七，家乡爆发了一起人禽流感，而且就在亲戚家附近。老公把这条新闻读出了声，眼中带着恐惧的目光望向我。在北京时，我们日日思念油从鸡皮肤下能映出黄光的走地土鸡，真正有一只肥得走路屁股直扭的老母鸡摆在我们面前，反而心中惊恐万分。所谓“叶公好龙”，大概也就是这样吧。

最后这只肥母鸡，还是爹妈合作操刀送上西天。我们很可耻地躲在了一旁，连鸡毛也没有跟着拔一拔。母鸡并没有传说中的不羁狂野，只是挣扎了几下。油剥出来是金灿灿的，汤炖出来果然是儿时最美好回忆中那样，油亮金黄，还有一起炖得又软又糯的新鲜白果，味道销魂，可惜禽流感的阴影让鸡汤有些黯然。肉还没有吃完，我们已经起程上路。

等到我们回到北京，家乡那个禽流感患者已经病愈，我们又开始思念那锅好像阳光一样灿烂的鸡汤，开始了"叶公好龙"的新一轮循环。

手制豆花实习报告

离家十年,有一样东西,每到夏天就口中生津地苦苦思念。综观北京,和它最接近的又只有豆腐脑,偶尔吃一吃,但终究不能替代这种叫做豆花的东西。四川、重庆和贵州,可能是最热爱吃豆花的地方,虽然几乎南方遍地都有豆腐花,北方也有豆腐脑,不过豆花和这些东西还是不太一样。豆花比起豆腐花和豆腐脑来,要更柔韧绵软一些,或者说扎实一些。而从工艺上来说,豆腐脑之类都不用再次煮沸,而豆花还要接着凝固,凝固的时间再长一点,就可以压成豆腐了。

光思念不解决问题,要投入轰轰烈烈的实践,以实际行动把口水抹掉。我看上一个手工石磨,琢磨着要在网上购置一个,像古老作坊里那样一手添豆、一手添水。但是我家相公及时制止了我,一语惊醒梦中人的架势:“您的颈背都已经那么劳损了,还要做这样的运动,不太合适吧?”但就此买一个超级现代化的豆浆机?好像又不能满足我对手工饮食的幻想。于是我选择了折中道路,入手一个搅拌机。搅拌机与豆浆机的不同在于,可以自己控制加热豆浆的火候,还可以自己选择更细的过滤布。

泡上了豆子，下一步是缝一个过滤用的吊浆袋。这样的袋子总是要用到的，如果要按照传统的食物加工方法，做米粉、汤圆乃至玉米饼，都要用这样一个袋子来把渣过滤掉，豆花就更不用说了。但是选择怎样的材质，又是一个问题。对家里的布料和旧衣服一番检视过后，发现无印良品的环保袋用的那种土布，似乎最适合我心目中完美的吊浆袋标准。可是，上面的印花和字会不会对健康造成危害呢？还有相公一件印着格瓦拉头像的古巴土布衣服——在他开始长出中年的肚腩以后，这件紧身小衬衫就只剩下留恋青春这唯一的功能，要不要拆掉来做个吊浆袋呢？毕竟也穿过不少次，洗过很多水，本身是没有染过的棉花颜色，好像很健康。但当我下手准备开始拆掉时候，又觉得格瓦拉大叔本来斜向天瞥的目光，朝我轻蔑地一扫。难道我真的要为了口腹之欲而让革命前辈在天之灵感到不安么？

最后我还是出门去买了几块屉布，一针一线地缝了整整一个中午，缝出了一个双层的吊浆布口袋。一边缝一边看着格瓦拉，心里还是颇有不甘，格瓦拉衬衫比屉布细很多啊，可以滤出更细腻的口感。不过两层屉布缝起来，透过光看看，好像还不错。

盐卤的问题也很折磨人，有盐井的四川，自然可以用盐卤，他们也叫做胆水的来做凝结剂。那是生产盐过程中的副产品，用来点豆腐是天下无敌的。或者我可以用平淡无奇的石膏、内酯就算了，内酯豆腐这种物体一直都被传统豆腐的爱好者鄙视着，说它是豆果冻可能更合适吧。最后找了最趁手的，白醋。据说白醋加盐就能取得盐卤的效果，当然我心里是不那么相信的,盐卤可是吃了可以自杀的东西,白醋加盐听着就很安全。不过我辈家庭小作坊,还是安全一点的好。

虽然没有用手磨,但是不停地扬凝固中的豆花,绝对也是体力活啊!最终凝结成的豆花还不错,豆香味很足,口感细腻,也没有什么醋的味道。但是用来热豆浆的锅,就糊得好像被灌了模子一样,可以揭一层豆皮下来。相公洗完锅以后,对我意味深长地说,下次,我们还是去重庆馆子里吃豆花吧。

但现在还有一个问题,剩下的豆渣,该怎么办呢?

怎样食用一坛古风浓郁的榨菜

自从多年前,在旧书店里买了一本《齐民要术》之后,我心里对古代中国的烹饪方法就有别样的向往。可惜各种条件都不凑手,而且似乎也要全职做农民才能复原那些古代做法,哦对还要把户籍转到农村,好去弄块地。思想的小火花也就只能停留在向往的层面,空有一腔怀古之心。

前几天承情被送了一坛子涪陵榨菜,盒子上写着“完全古法腌制”,“打开以后请迅速食用,或放冰箱保存。”又仔细看看,看不出这个小坛子里的榨菜净重有1.6公斤。我和老公面面相觑,我们小户人家,恐怕是不可能打开以后就这么迅速能食用完的。不过,“古法”这个词还是让我豪情顿生,一心只想速速把坛子打开。传说中,坛子里腌好的榨菜,新打开的时候,会有香飘十里的效果。后来我才知道,传说果然和现实还是有很大距离的。

打开盒子,我们俩就一愣。当那些古书里的“泥封”真正出现在面前,感觉是不一样的。看书的时候充满向往,但真正要打开这样用厚厚的硬泥封好的坛子,好像又是另外一回事。坛子本身无甚出奇,土陶坛子长得都差不多。但是那个泥封,乍看平凡之下,就颇耐人寻思一阵。

寻思的内容其实很简单,怎样才能打开这个厚厚的硬硬的泥封。以前只在书上看过,泥封之法讲究的是要沿坛口密密糊上,顶上的泥面还要抹得光滑,把气孔全部去掉。这次终于有了一种考古学学生第一次出现场的感觉,感觉恐怕也大抵相似,抓耳挠腮不得其法。尤其对于我们这样几乎纯属自学的饮食考古学爱好者来说,这坨黑乎乎的泥巴,也没有缝,也没有把手,被现代文明惯坏了的我们,冥思半天仍然不知道到底应该怎么样打开。

应对这种古老的泥封,最熟悉的解决方案都在武侠小说里。豪客们总是拿过一坛酒来,轻轻一拍,泥封就“应手而破”。不管是金庸,还是还珠楼主,都从来没有说过,非武侠该怎么打开泥封。老公试探性地拍了一拍——当然是用力拍下去,我没有嫁给一个武林高手。结果是他没有拍的那只手立刻捂住拍坛子的手,大声喊痛——唉都说了不是武林高手。

当然我们不会让古老的泥封影响我们的夫妻感情,我们只会再接再厉地继续想办法。我决定采取21世纪最流行的办法,去寻找打开古法腌制榨菜坛子的办法。老公兀自在一边拿出锤子和起子之类20世纪的古董,准备用强,还忙不迭地叮嘱我,“不许为了榨菜坛子上网写裸身雪地跪求!”

事实是好心的人们根本用不着裸身雪地跪求,只要一个“求”字,还是这么有技术含量的提问,立刻引来了一群回答。有说拍开的——估计和我们一样看武侠小说看多了;有说用水泡的——但这样岂不是泥浆全部渗到榨菜里了;还有说直接像开罐头那样打开的——无奈之下我们只好采纳这个建议,因为按热心人的经验,泥封坨坨下面一般都有一块布之类的东西挡住,不会漏下泥巴去。

“咔咔”几声过后,黑色的土疙瘩满桌子都是。好像闻到了榨菜味道?但似乎更像是烂白菜的味道。拿20世纪开罐头的办法来对付古代方法封上的坛子,结果是确实有东西挡住:一群白菜叶子和一块塑料布。在古法坛子里挖出一块塑料布,多少还是令人有些怅然若失。但更让人失望的是,塑料布和白菜叶子被证明根本无法挡住纷纷落下的泥土疙瘩……

我认为,在食用说明上,还应该加上一句:打开以后,清理掉泥土,再冷藏。而清理过泥土的榨菜,我们兴冲冲地切来炒菜,哇,真的很古法,好咸好咸好咸。

鸡豆花汤

奥巴马访华，在中国被胡总书记招待的国宴是四菜一汤：翠汁鸡豆花汤、中式牛排、清炒茭白芦笋、烤红星石斑鱼。这些菜，看起来很清淡，倒是很符合奥氏一直营造的健康形象，也不算奢华，应该会让有一个在白宫草坪上种菜的第一夫人的奥氏很满意。

谁决定的菜单呢？会让鸡豆花汤这样的菜出现在国宴上，而且是只有四菜一汤的国宴上。川厨们可能会感到很欣慰吧，这是一道技术堪比“开水白菜”，但知名度要低很多的四川菜。《成都通览》里就记载得有，也是一道历史相当悠久的百年名菜了。翠汁倒是好解，大约是在高汤里加上菠菜汁一类的蔬菜汁，增加色彩感。我猜想翠汁应该不是主体，主体绝对是鸡豆花。

据说此菜被放入国宴常备菜谱，是从周总理开始。因为他在重庆工作的时候，对此菜印象深刻。的确对于周总理偏江南的口味来说，鸡豆花咸鲜不辣，十分适合。但是我觉得为奥巴马解释这道菜应该会很麻烦，也未知他是否欣赏这道荤素难辨，基本吃不出来到底是什么做的菜。

在《成都通览》里，鸡豆花隐藏在一众用鸡做原料的菜名里，不仔细找，肯定找不到。“鸡豆花”的名字也颇为朴素，和“开水白菜”一样，没有振聋发聩的效果，比不得“佛跳墙”之类名字让人悚然心惊。而做法上，却和“开水白菜”一样十分讲究。传统菜谱里说，首先对材料有讲究，要用适龄母鸡的胸肉；其次刀功也有要求，要把鸡胸肉用刀背细细捶蓉，把筋拣出来。之后用冷的高汤化开，加蛋清、豆粉和调味料拌匀，在锅里慢慢小火煨到凝固，再轻轻盛出，放到碗里。最后要浇上极清的用鸡血紧过的高汤。光是熬高汤就不知道要用多少鸡、火腿和猪骨。凝固的火候要耐心掌握，各种配料的比例也颇为考究，很考验厨师的技术。我们自己做了一次，鸡胸肉里的筋拣得不够干净，也没有鸡血来紧高汤，吃起来当然和奥巴马吃的味道差很远了。不过口感真的很清鲜——真是给人继续努力奋斗的动力呢！

这道菜的辐射范围相当广，川黔交界的遵义等地方，亦有此菜的种种变体。名字也有变化，比如“鸡茸豆花”，基本和鸡豆花的做法差别也不大。还有黔西北的毕节，有“雄鸡点豆花”，是用公鸡肉剁成蓉，或者切成片，放到豆浆里，把豆浆和鸡肉凝固到一起，口感也颇不错。奥氏吃到的应该也是一种变体，当然也可以用时髦的话来说是混搭，在高汤里加上蔬菜汁。虽然说起来是这样的轻巧，但是把蔬菜汁加入高汤又加得碧绿澄清，想来似乎也是比较麻烦的事情。

现在“分子厨艺”之风正盛，其实鸡豆花和纯植物的豆花，才应该是分子厨艺的先驱。淮南王求仙炼丹做出了豆腐，而做豆腐的第一步正是豆浆点成豆花,这个过程多么地分子,多么地充满了科学的先驱精神!而这种食物虽然做法繁复富贵,但是从外观上看,和重庆街边三块钱一份还送米饭的豆花,真的很像。尤其是高汤越澄清的,就越像。只有当吃下去,才会感觉到完全不同的、层次丰富的口味,不像街边豆花只能靠豆瓣辣椒蘸碟来赋予豆花味道。不过这样一比较,这道国宴汤让我心中顿时浮现出了一个词:与民同乐。

家宴攻略

按理想中的状态来说，我们家请朋友们来吃饭，还很难被叫做家宴。照说应该是有一个闪亮的餐厅，很多美丽的餐具，最好家里还请一个阿姨，吃完饭洗碗。实际情况是，每次我们家最多只能坐 8 个人，坐在我们家猫咪的房间兼书房里，让菜味蒸熏精神食粮。人更少一点的时候，就干脆坐在老式的 4 平方米过厅里，围着小小的桌子。

饶是如此，还是能有很多美好的时光，对于一对以做厨子为终身志业的夫妻来说，没有什么比朋友们被我们做的食物撑到站不起来更快乐的事情了。几年的迷你家宴操办下来，似乎也可以总结出一个攻略来——特别提示，本文尤其适用于对厨艺有兴趣，并且有志于在家宴请亲朋，但经验不够丰富的亲爱的读者们。

首先，是忌口问题。家里的亲人还好说，稍微细心一些的人，都应该知道自己父母手足的爱好——如果不知道，就该打屁屁了。而朋友，尤其是第一次来家里吃饭的朋友们，就值得提前询问。我最糗的一次，是邀请了两个在美国大学里当老师的西人朋友，之前没有提前问她们的爱好,直接按照我和老公的拿手程度准备了牛蛙和虾。结果她们很明显对于牛蛙这种比较奇怪的食物充满了戒心,剩了很多。虾还算全球人民熟悉的食物,但其中一个女教师,好似客气地一直没有吃。因为和她还算熟,我就发挥一个传统家庭妇女的功能,把一只虾夹到了她的碗里。她无奈地朝我笑笑——我对海鲜过敏……我只好又把虾夹了回来。后来吃完饭聊天的时候,我依然很紧张,一晚上都在紧张地看她,担心她会不会因为碗里的一点虾汁而开始过敏,发生哮喘起疹子呼吸困难等一系列可怕的后果。可见提前了解客人的爱好是多么重要。提前了解客人的口舌爱好,还有利于家宴的水准。如果请了根本不吃辣的朋友来,做一堆红彤彤的菜,后果可想而知。而对于老一辈的人来说,分量足油水够的家常菜就可以,新鲜的菜他们不一定接受,我曾经做过我最拿手的薄荷柠檬凉虾,给我妈吃,她老人家觉得相当奇怪,痛惜我糟蹋了这么好的原料……

其次,分量很重要。我爸爸准备家宴的传统,几乎接近于谋杀——一定要把客人撑到解开腰带还是站不起来,他的女婿也就是我家相公,不幸也有这个倾向。而我大概是因为从小到大吃腻了家宴的剩菜,更愿意做得刚刚合适。但他们一定会觉得,那岂非让人家来了还吃不饱!经过我和老公的协调,到现在,我们经常能做出让大家一扫而空并且撑得要死的分量。基本上按照人头数再多一个菜,就很完美。人多的时候,就把每个菜的分量都多做一点。

然后还要叮嘱朋友们千万不要自己带菜来,带酒也要酌量。出于好心与礼貌,人们都喜欢去做客的时候,携带一些礼物。还有热情的客人,自己带了料来,然后进门就往我们的迷你厨房里冲:“我也来露一手!”但通常这样未预报的上门厨子,都会被我们婉言劝告,离开厨房。而他们带来的原料可能就一直躺在冰箱里,直到烂掉。

最后一点,是有些不好启齿的,需要提请朋友们注意卫生。常有一些朋友兴致所至,会把我们家当做饭馆……也许该自豪地向天大笑——我们做菜的水平,在北方还真的可以和饭馆比肩!但是可怕的后果,是没有人会想到去洗碗或者收拾桌子。家妇和主男只好默默地,在朋友离开之后,像服务员一样,收拾好桌子,洗好碗。但最可怕的还不仅如此,还会有朋友秉持在餐馆吃饭的习惯,把烟灰弹到饭碗或者碟子里,这种视觉效果,就家宴而言,真是颇为惊悚的。

上门厨子

古老的美剧《六人行》里面，莫妮卡从餐厅出来单干，进入了catering行业，也就是宴会承办商。在美国这一行颇为蓬勃兴旺，不一定都像莫妮卡那样，要呈上法式大餐，很多面向一般群众的承办宴会商，只要有个烤炉车，再加一辆车几个人就齐了。这样的低端catering，只要提供点汉堡批萨热狗烤玉米之类的餐食，就足够满足美国一般群众在家聚会的要求。当然承办婚宴派对之类的高级承包商，就需要更多的装备行头，除了当莫妮卡，还能演变成为另一部美剧《绝望主妇》里的布丽阿姨，还能出版自己的菜谱。

其实我一直觉得catering这个行业，最简单的翻译就是：上门厨子。此种悠久的传统，曾经在我泱泱中华流传许久，现在好像已经萎缩得不像话。大抵国情太不同：美国中西部带大片花园的两层洋房，也就20万美元不到，所以可以经常在自己家的后院聚会，甚至可以在自己家的后院办结婚派对。在我国，拿这笔钱去各大超级城市，只能将将买一个公寓，院子更是空中楼阁了，自然社交聚会也就很难有需要上门厨子的巨型规模。想要做室外活动，只能去各种会所，而会所一般都会自备厨师。

貌似现在只有一些偏远乡镇，还有操这种营生的人存在。那些在村坝院里摆流水席的人家，总需要临时雇一些厨师，才能遍请附近乡亲。有朋友回乡结婚，结婚酒席出席人数多达2000人。2000人吃的东西，就是临近的上门厨子们挥汗如雨地做出来的。这种上门厨子，只要经验丰富，倒也好做。因为农村红白喜事的宴席有一定之规，或者是堆成山的回锅肉，或者是堆成山的豆腐腊肉，关键在于快速处理大量食物。估计从部队退役的炊事班战士实在走投无路，颇可以考虑这个行业。

是的，上门厨子是和"请客"这个需求紧密联系在一起的。吃馆子之变为一种高级的、显示身份（我有钱吃馆子！）的行为，是很晚近的事情——这其中大约有妇女解放、服务业发展等等诸多因素，似乎有历史学家考证过。旧年间，下馆子近乎男性专利，阖家下馆子，几乎是不可想象的事情。假使一定要去，家中有女眷，只能去一些有定制服务的高级馆子。那种馆子只办酒席，酒席标准不一，但有一点是肯定的，就是通常不接散客，只接受预订且封闭待客，这一天只有这一家客人。

很多人到了要请客的时候，总会请一些流动的厨师去家里主厨——因为请客本身就是一个绷面子的事情，自己家的家厨就算技艺再精湛，要应付大型的宴会，劳动力恐怕还是不够的。更何况还有些人家，并没有这种专门的家厨，厨师一职大概是其他杂役一并担当，或者主妇上阵。吾乡戴明贤老先生，曾经在《一个人的安顺》里记述自己家请的几位上门厨子，各有风格，不过大致的行规皆是一样的：总要提前一天上门和主人家商定菜谱。宴请当日要早早到，熬上一鼎罐高汤，然后顺次做出各色菜来。总有一些上门厨子，有自己的独到之处，这样才能在此乡此土有好的名声，招徕更多生意。

当我第一次看到这种职业的时候，顿时觉得这是我梦想中的职业——背着菜刀走乡串巷，比侠客还要更加另类！其实我自己也颇有几次携带各种配料，送服务上门。那种时候才意识到，上门厨子们有多么强大的内心和韧性：客场作战可能会遇到各种不熟悉的情况，各种不同口味的食客。不过战果还堪称不错，最大的成果，是一个曾经什么都不会的闺蜜，在我上门做厨子几次之后，一旁观摩学成出师，现已自成一派，侍奉夫君矣。

记一次难忘的“请客”

“请客”，这个词如果要研究起来，一定也能体现咱们改革开放30年的卓著成就了。早年间，“请客”和餐馆是没有什么关系的，彼时餐馆只有国营，而国营餐馆的服务就算大概能做到“保证不殴打顾客”，人民群众囊中羞涩，也是不一定能去得起的。不论是社交性的吃饭，还是家庭聚会性质的吃饭，一般都要登堂入室地私家举行。彼时的女性没有厨艺傍身，就太没有竞争力了，夫君觅封侯的指望一下子少了许多，婆家也可能会因此而看轻她。当然这还有封建落后思想残余，滚滚前进的历史车轮几下子就把这几千年的糟粕抛弃，大家进入了请吃饭必下馆子这样拉动内需的好习惯。

最近一次听到“请客”这个词，是在成都。朋友家以前是自贡大盐商出身，虽然她现在已经只会吃不会做，但她母亲还有家传手艺傍身。眼下在成都，自贡菜热得如火如荼，有机会去朋友家吃最原汁原味的自贡手艺，怎能错过？对我们这样的食物爱好者来说，简直是天赐恩典了。约定那天，一边听着她在电话里交代母亲，“请客的事情已经定下来了”，顿时就有了时空倒错的感觉。

等到赴宴那一日，进得家门，已经有几道怡红快绿——满是红油和葱花的凉拌菜等在桌子上。伯母搬了热腾腾的豆花出来，“我自己点的，用的富顺带过来的卤水”，又端出红彤彤的蘸水，“蘸水也是从富顺带来的”。富顺乃是四川豆花之乡，其正宗可想而知。食而不做的朋友还闲闲在旁边搭一句，“这个豆花里面放了新鲜豆子的吧，颜色看着有点发青”。伯母颔首，“加了一些新鲜豆子，不过主要还是老黄豆，不然团不起来嘛”。这份家做豆花让正在钻研豆花之道的我备受打击，不但陡生高山仰止之感，还对自己的判断力产生了怀疑。

又有著名的川北凉粉，也是伯母手做的，此时同来的另一朋友，以牙尖（成都形容好吃爱吃者）著名的，已然倾倒不已。厨房里正在做水煮牛肉，满屋子都是辣椒花椒被热油浇上去，飘出的让人喷嚏不断的销魂味道。还有一道凉菜，也是闻所未闻。青椒吃过，空心菜也吃过，青椒圈圈豆豉炒空心菜也吃过。但是青椒和空心菜干煸以后拌在一起，还是第一次。朋友的兄长做的炒鸡杂、豆瓣鱼也都陆续上桌，我能听见我的胃提前喊救命的声音。

伯母端了一盆其貌不扬的鸡汤上桌，但朋友十分雀跃，我们顿时又有食商被鄙视的感觉。原来里面加了叫做金边兰的植物，清热利湿，夏天吃是最好的。汤喝到口里又有极清香的味道，牙尖朋友早已痛喝了三大碗，直接导致后来少吃了很多菜。

鸡汤高潮过去，眼看似乎菜已上齐，大家端着汤碗埋头喝清鲜无比的鸡汤，舀了雪白的豆花蘸红彤彤的蘸料吃。伯母拍拍手，扭头又进了厨房,不一会儿捧出一碗雪白的不知名的菜。“这个是鸡闹,鸡脯肉剁绒把筋去掉,加蛋清和豆粉炒的。”上面还洒满了葱花,雪白碧绿的一碗,吃到口里柔若云朵,不说的话,万分想不出是鸡肉。我们在一旁已经要顶礼膜拜伯母这位厨神了,朋友在一旁还火上浇油:“嗯,今天火候还可以,值得表扬。”

从前我和相公一直以为自己算是会吃懂吃的,被请了这一次客之后,再也不敢这样自诩了。

网购乡愁

很多人对家乡的回忆往往浮现于味蕾之上，就像白先勇难以忘记花桥荣记的米粉，沈从文心里一直记着街头狗肉铺子挂着的肥狗腿。特殊的味道的确有普鲁斯特的玛德琳蛋糕的效果，能够一下穿越时空。

因此每一次回家，都不仅仅有着侍奉高堂，膝下承欢的意义，还是一次采购记忆之旅。回去的时候，旅行箱里塞着满满的给家人的礼物，回来的时候，拿出来的是各种土特产。在各种食材和零食当中有时甚至要做出撕心裂肺的选择，毕竟旅行箱不是蜗牛壳，载不动那许多的乡愁，更装不下一个厨房。

还好现在有了网络——当然这句话写出来就有点广告的效果，但是对于出门在外又疯狂思念家乡食物的人来说，确实是一个福音。某宝网和某趣网上都有无数的特产店，可以在上面找到几乎所有的做饭材料。其中某宝网的优势是压倒性的，多少人在上面寻找记忆中的味道，口水简直要飞流直下，直接漫过鼠标。

研究网上食物店，对于喜爱食物的人，不啻一种学习的过程。不但可以学习食物在不同地方的构造，还可以学习方言——湖南的网店会写："亲们要么子东西都可以说"；贵州网店直接把豆豉按照当地发音写成"豆丝"。不明白的人，要从头了解一下方言常识，再来寻找自己想要的东西。各种主打乡愁的网店，还是地理课、经济学的活课堂，哪里有什么出产，乡土产品有怎样的加工水平……有耐心和时间的人，可以根据网店的供应，学习出一张中国的土特产食物地图。

腊肉、腊鱼、咸鳖、炊饼、青花椒……能够便利运输和保存的食物，颇为常见，竞争也颇为激烈。尤其是腊鱼腊肉一类通常最好是家中手造，被后院里的汽油桶或者小熏房里的松柏烟慢慢烟出来，或者退一步最好能在街市上尝一尝样品的东西，在网上光凭照片和文字购买，似乎有点太魔幻了。家里老人家一定无法理解——卫生怎么保证呢？只好等待有人先做小白鼠，用熟人推荐这种农耕时代的传播模式，来购买网络时代的网络商品。

在物流产业即将被振兴的大背景下，有些看上去非常疯狂的网上食物，似乎要变得越来越家常了。比如有网店专门卖炒好的辣子鸡，炸到十分干，之后抽真空包装进纸盒子。快递也能在变质之前，把这样的食物从南一路运到北。或者是新鲜的米粉，冰鲜的青花椒，来满足千里之外一颗抵死思乡的胃。

当然讲求有机低碳生活的人，肯定要鄙视这样的运输，长途运输会耗费多少能源！会放出多少二氧化碳！而且似乎每次在网店上为了节约运费，而拼命多买的材料，最终还是会躺在厨房角落里被遗忘、被抛弃。至今我的冰箱里还有去年在网上购买的糍粑,想来应该拿去倒掉。但还是每每在一个回到故乡的梦中醒来,忍不住就要去点开某些网站,搜索一番,下一些订单。也许,这其实不过是在网购自己的乡愁吧。

札记

我们时代的“一锅烩”

有一种叫做“麻辣香锅”的食物，已经攻陷了很多人的味蕾和胃，现在似乎还在继续奏响凯歌中。有一种说法是这种吃法最早始于重庆缙云山的土家族风味，但是考虑到缙云山位于重庆市区北碚到近郊合川的路上，完全算是城市的发达地带，这种充满民族风情的解释，似乎有些过分浪漫了。正如同诸多的贵州酸汤鱼馆子号称自己使用的是“贵州野生番茄”，然而此种原产自新大陆的植物，到中国以后，从根子上就没法“野生”，顶多是照顾不周，被“野化”。但是一个“野”字，顿时能让食客们舌根生出几分酸意，所谓词语的力量就是这样了。

“麻辣香锅”在本质上与广东一带传统的“盆菜”有些类似，都是把各种原料先行加工，然后放到一起烹制。不过前者比后者要更加山寨，或者说“土匪”一些。“盆菜”步骤繁多，炖炒煎炸烧煮焖，一个都不能少，最后还有极为讲究的摆盘，这样才是春节时最应景的“发财大盆菜”。“麻辣香锅”就没有这么讲究，不过是把不易熟的材料先焯到半熟，然后炒底料，没有什么要诀，不过是多多加花椒、辣椒、各种卤味香料。以成熟、入味的先后程序，次第把原料投入底料中，大火爆炒到入味。据说是“干锅菜”的变种，减去加热的后续过程——因为一般还没到加热这个程序，就已经全吃光了。总的来说，捏的都是“一锅烩”的秘诀，各种食物乾坤一笼统，味道互相启发。

贵州安顺也有一种以类似的“一锅烩”为原则的“大锅菜”，非常有可能是去贵州的客家人带去的菜式，因为在粤港，最为推崇“盆菜”的正是客家人。这道菜也是各种东西炒烩一锅，吃的时候从上到下，可以有各种花式，垂直钻井亦可，铲平山头亦可，从旁开掘通道做盗墓状亦可。一大群人围定一“盆菜”，不争取就不得食，食欲和乐趣双双得到满足。这种趣味和服食“盆菜”大有一拼。

还有一种著名的“一锅烩”，也就是福建鼎鼎大名的“佛跳墙”。比“盆菜”多一步，也是非常重要的一步，就是要拿荷叶把坛口封严，文火再煨六小时左右，才能得到传说中无敌的香味。这种“一锅烩”是最不亲民的，最开始传说就是官员为了讨好上级而特别发明，用了各种昂贵食材。现在看起来，过度丰腴、脂油横流的“佛跳墙”，和现代人的健康理念绝对抵牾，而且也不及其他龙虾 sushi 之类国际化、够派头，大概除了吓唬西人，不会再出现在高级宴会桌上了吧？

此种锅菜几乎可以称作是无焰的火锅，“麻辣香锅”算是重庆版，“盆菜”系列就相当于“打边炉”了。不过如今“盆菜”这样精细的制作，就算是到了过年，也少有寻常百姓家自己做了。从前春节最大的意义，在于祭祖、在于拜天地君亲师、在于合家团聚，吃是增强诸种仪式感的枪兵利器。现在，自然是不一样了，能买到车票团聚已经不错，费尽心力回到家里，哪里还有力气做那样繁复的东西。相较之下，“麻辣香锅”的制作方法已经要简单得多了，口味的拿捏也没那么复杂，够猛够劲就可以。但是从大街上遍布的“麻辣香锅”店的数量来看，一定还是很多人都更愿意花钱买时间，省去厨房里的各种纠缠。我们时代的“一锅烩”，曾经也是家庭的日常知识，现在越来越似乎要变成厨师们的专业知识，也不知是喜是悲呢？

讴歌路边摊

家旁边的早市，随着春天的到来，也蓬勃了起来。也许是城管的人性化执法起了作用，市场入口的地方居然在这段时间还多了几个小摊。小摊大多支在三轮车上，有卖咸鸭蛋加鸬鹚蛋的，有卖羊杂牛碎的，也有卖雕花屏风的，大体是北方农村集市常有的东西。

只有一个摊鹤立鸡群，在一群冷冰冰的物体当中热腾腾地冒着蒸汽，走近一看是卖臭豆腐的。两个小哥支了一个油锅，还有一个汤罐，以及香菜、辣椒若干。当然，还有躺在黑色水里颜色可疑的臭豆腐。如果是高度讲求卫生，对路边摊敬谢不敏的人士，看到这里大概已经走了。不过我和先生都是天王级的路边摊爱好者，尤其对北方出现的南方食物都备感好奇，加上油锅里冒出的味道颇为诱惑，立刻出手买了一份。3 块钱，有 24 块豆腐，浇上了汤罐里的鲜汤，用蒜泥、香菜和辣椒面拌匀，热乎乎地捧在手里。

去年曾经有一个很好吃的桂林臭豆腐摊，后来到了 7 月份就消失了，也是有一只装满了鲜汤的汤罐。问两个小哥，结果他们是湖南岳阳的。呵臭干子之乡。至于那种黑色，乃是湖南臭豆腐所特有的腌制方法。就好像我家乡的臭豆腐，揭开白布，篮子里一层一层的臭豆腐上都有绿油油的毛——但是味道真的很好！

一份臭豆腐吃完，我满心只想讴歌路边摊。在“灶”的名下来讴歌路边摊，初初一想似乎有点不搭。深入地自我辩护地想想，就觉得颇为恰当。在经济匮乏的年代，除了家中妈妈做的饭，路边摊一般就是美食记忆的又一个重要来源。我自己有很多记忆里最美好最难以复制的味道，就来自路边小摊。有时候我甚至觉得我做菜的最高追求，不过是让记忆里的味道在自己的手下重生。

路边摊系出寒门，但追溯起来，是否如今流行的透明厨房的老祖宗就是它们呢？不过是多了一层玻璃而已么！小时候每次看到路边小吃摊上现场播放炒饭炒菜的盛况，我都挪不动步子。炒锅翻飞，腾出火焰，一派战火硝烟的景象，实在是激动人心！这种原始的透明厨房，教会了我念初二的时候做出人生第一份水煮肉，也教会我如何调适一碗美味的糯米饭。路边摊的厨子好比到处搭台的江湖艺人，不一定能上庙堂，但都是凭真本事吃饭的人。

倘若德国艺术家迈克·梅勒（Mike Meiré）看见了臭豆腐摊，大概会激动地收购他们的摊车，加入他的展览当中去。他策展的展览正在科隆举行，叫做“世界街边摊食物”（World Street Food），去看展览的人可以看到阿根廷的马黛茶摊、香港的鱼蛋面摊、纳米比亚的水果摊，甚至还有越南船摊——一条船就是流动的小摊。看展览的人可以在里面顺势大嚼棉花糖，吃水果嗑瓜子。

可惜路边摊的价值不能被所有人明了。其实并不是所有的街道都要冷冰冰地只给汽车走，光秃秃地没有流动小贩，只有买不起的店铺。就算是巴西利亚这样完全在设计之初，就打定主意不给步行者设计道路的城市，如今也仍然有各种路边小摊，卖炸虾饼和巧克力卷。只要有步行的人，路边摊就有生存的价值和意义，它们带来的香味，是生活的味道。要是真正有一天，为了各种莫名的原因，禁止了所有的路边摊，那时人们就只能去博物馆里回忆这种生活的感觉了。

怀念食物上街的年代

顾长卫迄今最成功的电影《孔雀》,最打动我的镜头,不是姐姐拖着不知攒了多久的布票换的降落伞在街上大撒把,也不是她在西红柿摊前面一张脸皱成核桃状的哭泣,而是看到那个落魄的空军转业军人,在街上旁若无人地叼着那个包子,那个热腾腾的包子!那个时刻,我的思绪顿时就溢出了画面,恨不得在镜头外看出一个满是笼屉的包子铺,包子铺上空云山雾罩,肉包子的香气蒸腾环绕,连卖包子的人在这样香喷喷的蒸汽里都变得好像天外飞仙一般。

这样的景象,如今已经很少能够在我们的大城市里看到了,都撤退到了小城镇和乡村之间。即使有,也都被毫无个性的塑钢棚子统一规训了起来,上书“首都早餐”。偶尔出现一些好像有点个性的食物,比如“神农架大饼”,也会迅速地变成又一个烂大街的所谓新潮流。

食物们都到哪里去了?食物都到超市里去了。做食物的人都到哪里去了?他们都已经看不见了。答案飘荡在风中啊在风中。20 世纪 70 年代和 80 年代出生的人们,大概还会有依稀的食物上街的记忆,

90年代的孩子们也许就已经没见过包子饺子馒头在被包进塑料口袋，摆到超市之前的前世，更不用说看到尚未被分割条块，按价而沽的肉品。有一个叫做“扇”的量词，已经随着街边摊的撤退而随之消散了，大概只有在乡村集市，才能看到那种劈开的猪只赤条条挂在街边的景象了。我们的常识和他们的常识，俨然就已经不是一种常识。不过这些孩子，大概已经被肯德基和麦当劳殖民了肠胃，馒头油条豆浆之类的物体就变成了化外的食物，代表着古董生活方式，代表着上一代对他们肠胃的严密监视控制。

在《功夫》里，食物也还在街上溜达，大家可以看到一根油条怎样在注视的目光之中坦荡光明地诞生。可是如今食物们都被藏进了深闺，再也看不到隔壁早点店的老板挥汗如雨地站在油锅边炸油条，看不到他老婆用竹夹子夹起刚刚出笼热腾腾的馒头，更看不到他的大儿子站在案板旁边，手挥不停地包着包子，女儿坐在一堆馄饨皮和馅的包围中，飞快地做着馄饨……我们看到的都是冷冰冰地躺在超市的货架上，包着透明塑料袋，只能从塑料袋的文字间辨认籍贯成分的食物们。食物们变得越来越可疑，也变得越来越神秘。隐藏在清洁透明的塑料袋背后的，没准就是传说中巫女配制失败的爱情魔药配方，更不知道是在怎样的环境里炼制而出。悲观一点地想，这样岂非就是那些频频出现的食物悲剧最好的舞台？假使食物从头到尾都在大街上，把街道变成巨大的透明厨房，这些食物悲剧也就缺乏了必要的后台。那样的透明厨房，也许会被现代人看做是肮脏的，但究竟怎样更肮脏，现在也很难说清楚了。

为了出汗而吃饭

让人热得不思茶饭的“三伏”总算结束了。虽然今年头伏那天没有吃饺子,二伏的那天又没有吃面,这个夏天过得似乎也还好。自从北上生活之后,饺子在北方人民生活中的重要地位,一天天地深入我心。好像每个重要的节气:夏至、头伏、冬至、春节,都要吃饺子。除了民俗传统之外,饺子大概应该还有生理学意义上的重要性吧,比如说出汗。

我记得好像是10年前的夏天,北京暴热干燥,生平第一次中暑,一滴汗也出不来,那种感觉至今难忘。汗水虽然有让人憎厌之处,但其实是身体的自然表现,只要顺应接受就好。在夏天,虽然中医经常说要防止津液失调,出汗过多,但是在这个空调在城市里极大普及的时代,恐怕人们还是需要出更多的汗的。如今秋天近在咫尺了,为了抓紧出掉这个夏天的汗水份额,实在应该多吃一些饺子、面条还有辛辣的食物呢。

热乎乎的饺子就着蒜泥和醋汁,热爱吃辣的人还要加上辣椒。几乎所有北京的饺子馆里供应的都是辣椒油或者油泼辣子,我个人的爱好却十分南北结合，也是家乡贵阳的饺子馆里的做法，用炕得将糊未糊的辣椒舂成辣椒面，合着蒜水、醋和酱油还有花椒油、香油，再洒一把小香葱。吃下去，一定会有汗水先从额头，再从脸颊两侧，接着是后背，顺次蒸腾而出。

小时候去靠近湖南的施秉玩漂流，穿上救生衣坐在橡皮艇里顺水漂，沿途美景无数。但现在记得更清楚的，是当地人居然在中午吃火红一色的火锅。要知道施秉地处盆地底端，属于贵州的火炉之一，湿度也很大。印象里当地人除了吃饭时刻，其他时候都在清澈的河边泳场里泡着。问及为什么这么热的天气，还要吃那么辣的东西，旅店老板娘抹了一把头上的汗水很简短地回答："出汗！"我还记得，靠近一下小蜂窝煤炉子上的锅，就已经开始出汗了，吃完了更是一身一头大汗，爽不可言。

而自从到了北方以后，每逢人们问起西南人民为什么那么喜欢吃辣，我总是猜想着回答，大约是太潮湿了，需要吃辣的东西除湿吧。那些所谓的湿气，大约也就是变成汗水被排出了体外。就好像中医里讲到花椒，总是说能够除湿，汉代给贵妃住的"椒房"也是取辛暖之意——不过，由此可见古代人的味觉审美系统和我们区别甚大，现在要是谁的房间里一股花椒味道，别人只会觉得他是开南北货档的小贩。当然这样的说法恐怕有些过于伪科学，估计具体原因要留待科学松鼠会的同学们去研究。

我猜想，饺子和面条最大的意义可能也是用来出汗。早年间饺子是稀罕食物，热量比粗茶淡饭自然要大很多，吃饺子的幸福感就会和汗水一起出来，哪怕是寒冬腊月，饺子也有这个功能。面条就更是这样了，《世说新语》里说魏明帝招待何晏在大热天里吃“汤饼”，“汗出皎然”，证实何晏没有使用任何粉底之类的增白产品。根据诸多学者的考证，“汤饼”就是我们如今喜闻乐见的面条，可见魏明帝的目的很明确，就是要用连汤的手擀面，让何晏出汗。其他诸如馄饨、汤圆一类食物，想来也都是为了出汗而吃的食物，最终变成了民俗。不过还有一句话，很煞风景，“吃饭出汗，一辈子白干”，想一想真真情何以堪。

打开除湿功能

即使是干燥的北方，每年夏天也会有那么一段时间潮湿多雨，不得不把难得一用的空调除湿功能打开。按照伟大的祖国传统医学的说法，现在是一年里湿气最重的时候，要经常吃些除湿的食物，祛除体内的湿。类似的说法，在最近这几年突然浩如烟海的养生书里，比比皆是。小时候看科幻小说，总以为到了21世纪，地球人的生活里充满了科学，像“上火”、“寒湿”这样听上去就很不科学的词，早就被消灭了。没想到居然还健在，而且有青春焕发之势。

有学者考证说中医的这种说法，其实也是古代大同世界交流的成果，与古希腊、古代波斯和阿拉伯的医学一脉相承。有一种到现在还在心理学领域里流行的“气质”测定标准问卷——不是测有没有“气质”，而是测试性格倾向，把人的气质类型分成了胆汁、多血、黏液和抑郁几种，这样的描述听上去也颇为古典，好像能感觉到希波克拉底的凉鞋好像刚刚才路过此地。但这还是现在教科书里通行的测定方法哦，所以那些古老的养生说法到现在还那么红火，也很正常了。

在冷热干湿的身体调养系统里，到了夏天就该打开身体的除湿功能。几乎所有的香料，都被古代人看做是热的。本土的花椒、八角之类自然不必说，舶来的辣椒、桂皮，据说吃下去也都是热烘烘的。但热天靠吃这些热性的调料，虽然有可能可以除湿，但太热了估计也不行，所以薏米、山药之类的除湿经典产品就走红了。我一直都对于冷热干湿的产品性质认定系统充满了敬畏，用以前在教科书上学到的话，应该是叫做“劳动人民在生活中长期的智慧结晶”。这种几乎完全就是譬喻的解释方式，简直就和神话一样啊。以前还选过一门叫做“养生”的课程，腰板笔直的老师阿姨言之凿凿地说这是黑箱理论，假若那时有人发掘了这位体育老师，现在她也应该红了吧。

这种神话系统每想一想，都觉得神奇。我刚刚上大学的时候，每次被人问到西南人民为什么爱吃辣椒之类的“天问”式问题，都会很熟练地回答，“因为我们那边气候太潮湿，所以要多吃辣椒除湿”。有时候还会搬出些金庸古龙写过的“瘴气”之类的说法吓唬开化之地的人们，让他们对南蛮之地更加恐惧。但现在回头想一想，在明末辣椒传入中国之前，西南的气候应该已经在潮湿着了，那时的人们又该吃些什么祛湿呢？还有传入之后，选择辣椒来作为除湿最佳产品，又是一种什么机制呢？我又是听到什么人这样说，就采信了这样的说法呢？再说薏仁，也是宋元之际才传入汉地，最早叫做“回回米”，它的功效是被广大的西域大夫们传播的么？民族大融合的最终成果么？想来这大概也是天问吧。

新食物传说

现在大家都知道,对于人类来说,吃不仅是一种摄取营养的行为方式,更是一种——文化!于是有点追求的餐饮业者,都会绞尽脑汁给自己的食物加上些文化的佐料。对于那些岁月古老,已经成为“老字号”的食肆来说,这倒不算什么问题。随便一句“老舍先生以前最喜欢坐这个位置”,就足以让初次前往的一般食客膜拜半天了。但是对于餐饮新丁们,如何让自己提供的食物显得有文化,就要绞尽脑汁了。

尤其是那些做出“刚到贵宝地,请老少爷们捧场”的外地食物,好像不讲个故事,就很难让食客对异域的食物留下印象。而中低端店又尤其如此,因为人们不但有势利眼,而且势利眼还会影响到味蕾和胃。高端店用精美的环境、大本如同婚礼红包登记簿般的菜谱和靓丽的咨客和服务员,当然还有菜单上昂贵得让人出冷汗的价格作为武器,已经先声夺人,让你觉得物有所值。但中低端的店和档口,在这些标明档次自成文化的东西都欠奉的情况下,只好打温情故事牌,以表示:我们卖的不仅仅是食物,我们还给您一段美好的记忆,让您和一段美好的故事发生关系。

所以如果你走进一家不太熟悉的店，售卖外地食物的店，看见墙上有大幅喷绘，追溯该店某种当家食物的来龙去脉，就是非常正常的事情了。比如西北的凉皮店，会讲一讲凉皮是怎样在某朝代某时候，被某个受坏皇帝逼迫的劳动人民灵机一动地发明出来，让人们免遭劫难。或者西南的过桥米线店，用奇怪的文言文或者说仿文言文讲述一个秀才娘子如何“教夫婿觅封侯”的故事，秀才娘子将秀才禁锢在小屋里苦读，自己也非常辛苦地要每天去送饭。在不同的米线店还会有不同的版本，除了核心的秀才和秀才娘子之外，有时还有第三者，就是两口子的儿子。“米线过桥”之猜想也有不同版本，或者是秀才娘子自己晕倒了，醒来发现各种原料在鸡汤里已经烫熟，而且因为有油盖在面上，所以没有变凉；或者是秀才儿子捣乱把所有东西倒到一起，结果味道鲜美，种种不一而足。综观正在和沙县小吃、桂林米粉并驾齐驱的米线店，这类传说好像已经有了制式的喷绘，有了统一之势，大概最终版本的诞生指日可待矣。

最近经常去的一个四川新派小吃连锁店，叫做“姑姑宴”。四川本地人看到这个名字，一般都心生亲切。亲切第一波：“姑姑宴”在四川方言里，就是“办家家酒”或者“过家家”的意思，所有的小孩都有过摆“姑姑宴”的时光。亲切第二波，则是来源于民国的四川美食家黄晋临所开的“姑姑筵”，那是彼时成都最为火爆的私家菜，不提前一个月预订，没有成为座上宾的可能性。就算是张学良要吃，也要费尽周折走后门。但是这个连锁店，并没有珍视这些已经有了的文化资源，而是讲了一个姑姑终身不嫁,守着父母双亡的侄儿长大,在侄儿要离家考学的前夜,做了各种小吃让他怀乡的故事,实在有些不伦不类。其实照此类推,各种特色食物都可以发展出一个套路,核心要包括浪子回头、父母双亡、亲情难忘、智勇双全等,最后要殊途同归地指向:吃了这个,就能考上状元、当上大官……。这样大家都可以买到一个幻觉:呵,这些食物好有温情。而且还有励志的效果:吃了这个,我一定会成功的!

论食物与成功

一般来说,充足的食物似乎是青年才俊成长生涯中的大敌,如果食物除了充足还兼有美味,那就更是会背上"消磨意志"的罪名。古代的斯巴达人,应该是奉行这种理念的先锋。希罗多德他们都说斯巴达人的孩子从生下来就没福可享,长得健康合乎战斗需求的,不给好吃的,关小黑屋,7 岁开始军训;长得不符合要求的,直接扔到山谷里喂野兽了事。《斯巴达三百勇士》里面,那些只穿个斗篷,浑身肌肉闪着橄榄油光,影影绰绰露出个皮短裤的斯巴达才俊们,就吃着粗粝的食物就练就了健美冠军的身材。天天筵开芙蓉的巴比伦人后来就死得很难看。在斯巴达人的军训学校里,长到一定程度,小朋友们要和凶猛的公猪搏斗。斗死了猪也不能吃,食物还要不断地减少,鼓励小朋友们从小就自力更生,偷来的也行,野外烧烤也好。可见,食物在才俊养成当中是多么重要,在浩瀚的青年才俊养成妙法当中,美食多半会被放到减分的一栏,吃得不好的人成为十佳青年的可能性更大。

其实也不完全如此,有一个现在漂洋过海去了很多地方的名人叫孔子，他年轻的时候就已经知道了“食不厌精，脍不厌细”，“割不正不食”。当然应该要交代一下时代背景，那时候我国人民热衷于食用类似日本生鱼片一类的食物，而且不光是鱼，牛啊猪啊都有可能就生着吃了——如果坐时空机器去那个年代贩卖“肠虫清”，一定可以成为商界巨子。虽然有的人说孔子强调这些，只是因为不切细就肯定嚼不动，但是对讲究礼仪、性格很像处女座的孔子而言，他对美食的爱好并不应该因为后来人们觉得美食是罪恶的，而被歪曲成生活真需要。

还是有一些民族，从小就把美食看成是培养人才的一部分，最值得一提的就是一个叫做“粟特”的民族，他们曾经生活在甘肃一带，以做生意和做翻译为生——毕竟大唐时候我国外交事务频繁，国力又强盛，外语人才不多，反而是其他民族的汉语人才很多！粟特人生下来很重要的仪式，是在他的嘴里喂进蜜糖，然后在手里涂上胶：嘴要似蜜甜，手要比胶黏，这样才能做好生意，增加粟特人的外贸收入。为了让嘴一直甜，就不能亏待了它，不然怎么能有那么多甜言蜜语呢？而粟特青年才俊的杰出代表，就是一个虽然很胖但是还可以跳胡旋舞的人，他的名字叫做安禄山。我可以想象，他从小一定吃了很多蜜，不然杨贵妃怎么会都被他的话迷住呢？

而且汉族人民也不是一直把美食看做成才大敌的。据说在云南，曾经有一个书生为了家庭的未来，一路在科举独木桥上狂奔。他为了抵御温暖家庭的负面影响，独自在荒郊野外的工作室勤奋苦读，只好让他的娘子天天送饭，据说还有因为送饭不及时被饿晕的记录。结果偶然间就诞生了著名的“过桥米线”。于是就是他的勤奋苦读，最后被印在了好多“过桥米线”店的文案里——告诉我们，他后来中了状元，成了当年的十佳青年之首！这真是成功学源远流长的例子。

那些被我们吃没了的馆子

在我们的生活里，下厨是一件很重要的事情，而出去吃馆子也是一件重要的事情。总是吃两个厨师做的东西，固然很好，但吃多了也会烦，需要换换口味。但每逢要准备出门的时候，就有拔筷四顾心茫然的感觉。尤其是这些年来，想起那些我们吃过、很喜欢、最后消失的饭馆越来越多，这种怆然的感觉就越发明显。

我们吃倒馆子的旅程，是从“杀熟”开始的。我有几个同级不同班的高中同学，同在北京打拼，一起凑份子开了一个贵州菜馆，那是2005年左右。掌厨的是其中一个同学的父亲，也是一个传奇人物。大叔并不是学厨师出身，而是开长途货车的司机。店里售卖的菜品，除了各种经典的贵州家常菜之外，还颇有一些司机大叔自家体悟而得的菜。其中一道“宋姜鱼”，取的是他们夫妇各自的姓，用酸萝卜和高汤来烧鱼，鱼经过特别的处理，久煮不烂，配上特别的蘸水，非常好吃，汤也特别好喝。每次去他们家吃饭，大家说着乡音，总有如沐春风的感觉，吃得也爽。可惜因为地段实在太偏，很不好找，而且司机厨师大叔身体也不好,终于是歇了。

然后是一家新疆饭馆,在北大南门外。名字好像是吐鲁番或者是其他的新疆地名,装修很豪华,卓立于其他的新疆餐馆。每晚还有歌舞表演,印象最深的是一位俄罗斯族的老大爷,拉手风琴唱歌,歌词全部即兴创作。还有美丽的维族女孩表演“美女蛇”,一条活的大蟒蛇盘在她的脖子上,女孩的长相很像老电影《海市蜃楼》里的艳丽女匪首。这一家的手抓羊肉质量上佳,加上各种活色生香的表演,给人留下很深的印象。可惜那个地方可能风水不利于经营餐馆,之前的餐馆也没有一家存活下来的,现在已经变成了一个网吧之类的地方。

后来有一阵,经常去一个贵州菜馆(我承认我们的口味比较单一)。那里做的贵州潮流菜“酸菜炒汤圆”相当不俗,招牌的酸汤鱼也很正,有浓烈的木姜子油味道。木姜子也叫做山苍子或者野胡椒,乃是黔东南酸汤鱼必备的香料,杀腥提香,功效强劲。对于外地做的酸汤鱼,一般能够坚持用发酵番茄的红酸汤来调底味,而非直接用番茄切片兑白醋,我就已经很感激了。这家还会放木姜子油,简直就是太厚道了。这家的服务员小妹也是吸引我们去吃的一个重大理由,小妹集温柔与泼辣于一身,每次去的时候都要婉转甜糯地问一声,“怎么这么久都没来啊?想你们了呢。”还没开始吃菜,骨头已经先酥了一半。但突然有一天去的时候,就发现此地已经人去楼空,变成了一家安徽土菜。

最近一家让人十分黯然的餐馆,还是一家贵州菜。今年年初很偶然地撞进去,满屋子都是乡音,只有6张桌子,坐满了人,声音好似要掀掉屋顶。原来居然一帮老乡在此聚会,于是不停有喝高了的人来到我们挤在门口的桌边敬酒,他们好像在结婚,我们好像在收红包。老板娘无比温柔可人,每次去吃完告别的时候,都要拉着我的手恋恋不舍地嘱咐,“要再来啊。”不过他们家的菜有些一般,吃得更多的是温情。但离我们不近,去也不太方便,就有一阵没有去,结果最近去,发现赫然已经变成了湖南馆子。也不知道那个老板娘有没有在其他地方另开一家新店。

食物视觉系

“视觉系”，这个词越来越适合餐饮界了。不论是白领们中午匆匆就范的“某食代”、“某美食街”，还是被某轮胎品牌打了星星的名店。正如相声里经常说的：烹饪，是一种艺术。作为视觉艺术的这一部分，自然不但有传统的写实具象艺术，也有不那么传统的抽象艺术。

日下的趋势，正如艺术在不同的人群当中被接受的现实，食物也是如此。老百姓们罕有热爱抽象艺术的，仍然停留在苏东坡嘲笑过的“论画以形似”的阶段，热衷于讨论像或者不像。虽然经常有人穿着可以直接去工地的衣服，在各种画廊和艺术空间的开幕酒会上穿梭，表达艺术追求的同时顺便喝一点画廊提供的香槟或者干红，但总体而言，抽象艺术还是比较阳春白雪的，堪称新时代的文人画，观念艺术和新媒体艺术就更不用说了。

大排档里自然不用说，后厨与店堂难分彼此。在那里可以看到，食材如何经过或者让人心乱，或者让人惊喜的加工最终变成食物。还有什么比这个过程更具象么？简直就是照相式再现。不过这种风格走到极致，也容易让人想到当代艺术，比如安迪·沃霍尔的波普艺术。麻辣的红色、浓油酱赤的褐色、清蒸的白色……简直就是梦露的各种丝网印刷肖像。大排档摆放食物的模式，倒是尤其的波普艺术，密集整齐地一排又一排，真的很像金宝浓汤的格式——当然比沃霍尔弄出来的罐头汤迷魂大阵看上去要诱人得多了。只不过，大排档的价格还是更像路边摆摊画像的街头艺术家的作品，不至于像沃霍尔的作品变成富人的禁脔。

最能体现朴素艺术追求的，在我看来，是大型商场附设的美食部分里，各个档口摆出来的美食模型。这种物体一直让我很着迷，现在不但貌似商场的美食档口，连一些传统饭馆也开始摆放这种模型了，可见经营者对这种艺术非常有自信。好像亚洲系的菜品特别适合这样的模型，面粉饭之类的速食的模型都被深度开发了，虾仁海参玉米笋上海青似乎也是经常被做出来的模型。其实我有些不太明白为什么非要如此，毕竟这些模型都是树脂做成的，就算模拟红烧肉的芡汁的质感模仿得再像，看到它们也很难产生食欲吧？至少我每次看到这些模型，都有一种面前摆开一大排仿真食物钥匙扣或者冰箱贴的感觉。作为冰箱贴、钥匙扣、手机链，仿真的食物很可爱。但是作为指引我吃饭的方向的路标……始终还是有些难以接受啊。

也许正因为亚洲系的食物通常都比较复杂，所以需要用这样的模型来做胜利女神状，指引饥肠辘辘的人们踏上正确之路。就好比很早之前的菜谱都是纯文字的，一副反偶像崇拜的架势，人们只能跟随菜谱上的文字进行想象，万一碰上一些比较飘逸的菜名，“金钩玉版”、“翡翠白玉汤”之类，没有一定的经验，就肯定会发生悲剧了。多少笑话都是在这种纯文字的菜谱当中诞生的啊。但这大概也是象征资本的一部分吧，这样飘逸的菜名本身就形成了一种身份的区隔。旧社会的泥腿子老百姓们，也很少有去把菜名写成这样的地方吃饭的吧，他们都是享受波普艺术的。

现在的食街档口租金不菲，每一平方厘米都好像眼睛一样珍贵，没有地方贴食物的大幅玉照。如何吸引眼球，如何让天南海北的食客知道自己要吃的东西大致长什么样——这太重要了。一个老家在云南或者广西的人，你很难让他对“饸饹”这个词有任何的感觉，同样，一个老家在宁夏或者内蒙的人，对于“过桥米线”这个词也很难产生食欲。最早的时候，他们会放上一份做好的菜品，作为实物借鉴，不过这样成本过于高昂，于是高仿真食物模型设计生产这个产业就应运而生了。不得不承认，虽然是树脂，但也有一些精美产品，能够发挥“看上去就好吃”的幻觉功效，成功为档口老板招徕生意，当然经常会有上当的结果。这很像过去某些年代的宣传画，人人都散发出健康的红彤彤的脸色，看上去就吃得很饱的样子。

日式料理是另外一种朴素的类型，返璞归真，每一种食物看上去都摆得很精美，加工也很简单。但神奇的是，看上去就很想吃！日式料理有时候美得不像真的，本身都很像模型。这也是一种境界，而且日本人每每乐此不疲，不管是寿司也好，刺身也好，寿喜烧也好，摆好造型以后都可以直接拿来画写生素描。哦不，其实更适合用来画四格漫画。要画好一份蛋炒饭或者宫保鸡丁很难，但画一份握寿司或者一碗蒲烧鳗鱼饭，相比之下，就要容易多啦。

西餐就很有抽象画的感觉，当然汉堡意面之类的不能算在其中，尤其是法餐，摆盘有越来越艺术的趋势。写过《终极美味》的法国女作家妙丽叶·巴贝里甚至抱怨，有些法餐艺术得有了极简风范，只有几粒豌豆和一抹酱汁。想来好看应该是绝顶好看的，而且超越了好看，有冷抽象的感觉，就是估计吃起来也和欣赏艺术品一样吧。最近这些年大热的分子烹饪，更是走视觉系路线到极致，目的好像就是为了让你不知道你吃的是什么。这和哪一类艺术相似呢？也许是新媒体艺术？还真是很让人为难。

食物治愈系

不知道为什么，我国最近这些年跟吃有关的电影颇少，而且对吃似乎也抱有非常恶劣的看法。要么就是用似是而非的所谓食物相克理论，琢磨怎么用平常食物慢慢把人毒死（《双食记》），要么更来劲，直接是食人（《三更之饺子》）。真是让人深深怀念那些对食物有着正确、正常、正义的态度的老电影啊，不管是《食神》、《饮食男女》还是《满汉全席》。我以为对于美食的偏见，在文革后《美食家》这篇神作以及根据它改编的电影之后，已经消失了。当年的《小小得月楼》、《锅碗瓢盆进行曲》之类的老电影，如今大概没有多少人记得了吧，就好像那个热气腾腾，刚刚醒来伸个大懒腰准备一展身手的时代。

我真的对这种现象很难理解。食物不应该是最有治愈效果的么？看看日本那些以食物为主题的电影，不管是早年间讲拉面的伊丹十三的《蒲公英》，还是前两年的《海鸥食堂》，还是此次在上海电影节刚刚放映的《南极料理人》，看完了都觉得心里很温暖，而且很饿。美国的各种食物主题的电影，也很治愈系，不要说大热的《美味关系》，就是小成本的《女招待》，看了也让人心里很温暖，胃里很空。我很外行地猜想，是不是祖国的导演们常常工作的时候吃到的盒饭都很难吃，拍电影的过程变成了吃难吃的东西的过程，于是再也不想拍和好吃的东西有关的电影了。再不然，就是因为过于欣赏瘦骨嶙峋的女演员，进而觉得食物是十恶不赦的，坚决不要拍它！我不愿意再猜想下去，因为接下去我可能就要对中国广大电影工作者的童年感到难过了。

难过的时候，如果面前有好吃的，可能心情就会好一些吧。食物的形状和香气，对我这样没有出息的人，会像咒语一样。真要到了“茶饭不思”的境地，那一定是有巨大的悲痛降临了。这可能也是一个胖子看到食物主题电影，就会由衷地觉得有治愈效果，看完了还会觉得很安心的原因。如果世界上的人们，都能因为看到人们对食物的热爱，而感到重获内心的平静，那可能纷争也会少很多吧。可惜事实总是一些人太热爱享受美好的食物，以至于要去欺负另外一些人，抢走他们享受美好食物的权力。这样一想真是让人悲伤。

在这些和食物相关的影剧里，吃不到嘴的东西必须好看。《海鸥食堂》和《南极料理人》用的是同一个美食造型师，所以食物风格也有些相似，不必说自然是和食：看上去好像还在噗噗作响、带着油锅气息的天妇罗，小町越光米做出的饭团，闪现粉红光辉的刺身，低调却美轮美奂的餐具。相比之下，欧美系的食物看上去就要油腻一些，浓稠的酱汁包裹着食材，不比和食很多时候既直接又质朴地裸身出镜。从观感上来说，和食更容易得到高分。这些很治愈的食物都不是怀石料理系——那太过精致而且太容易让人想起“禅”，有立刻扔下筷子去空腹练瑜伽的冲动。那自然也是一种治愈，只不过不如这些普通食物来得抱朴藏拙，一看之下唾液腺就开始有所动作。

而那些做菜的人，就更加让人心安。《深夜食堂》里的小林熏，眉目之间有刀疤，但眼神慈祥。他能做出所有人小时候最难忘的味道，让所有顾客都好好安放自己的胃，吃出一颗暖暖的心。其实那都是些极为家常的食物，鸡蛋三明治、土豆泥、炸泥肠，乃至柴鱼酱油黄油拌的“猫饭”。这部深夜剧播放的时间是夜里1点，出现的也大多是社会边缘人，每种食物身上都有他们的记忆和他们的故事，让简单的食物有了淡淡的哀伤，好像灵魂一样，与蒸腾的热气缠绕着一起。越是如此，看起来越让人动容，很多时候甚至眼泪会跑过唾液，先行奔了出来，让眼睛好像被洗过一般。

那些食客们也都叫人感动，尤其是看他们吃拉面。日本人对拉面的激情，不管是在《蒲公英》还是在《南极料理人》里，都在哧溜哧溜奋勇吸食的声音里展现无遗。这种声音充满了纯情，乃是最纯粹的对食物的爱。不像欧美系食物片，在表现食物之美好的时候，总离不开吮吸手指的镜头，并配合一些很容易让人脑子跑偏到下半身的声音，光看镜头有时颇难分清究竟这是否是一部适宜全家人观赏的电影。日系食物电影恐怕除了《蒲公英》之外，其他的基本都十分单纯，甚至有些禁欲的色彩，拉面镜头尤其如此。只不过是看一群颇为猥琐的大叔们满头大汗地吃拉面，居然也会觉得很感动。

不知道什么时候才能看到祖国再诞生一部像样的美食电影呢？其实不用很豪华，哪怕就是一碗面、一份烧卖、一杯奶酪的故事，都有可能很好看，很感人啊。但也不知道泱泱五千年文化，是否形成了负担。我猜想电影导演们顶多会去想到老字号，于是豪门恩怨、爱恨情仇、阴谋诡计就又出来了，一定会抢走食物所有的戏，也会让食物看上去变得形迹可疑，没那么好吃。一想到这个，我立刻又悲伤了。

图书在版编目(CIP)数据

灶下书/阿子著.—北京:法律出版社,2011.4
ISBN 978-7-5118-1846-1

Ⅰ.①灶… Ⅱ.①阿… Ⅲ.①饮食—文化—中国
Ⅳ.①TS971

中国版本图书馆CIP数据核字(2011)第024513号

灶下书 | 阿子 著 | 责任编辑 高 山
装帧设计 任凌云

开本 787×1092毫米 1/32
印张 7 **字数** 131千
版本 2011年6月第1版
印次 2011年6月第1次印刷
出版 法律出版社
编辑统筹 学术·对外出版分社
总发行 中国法律图书有限公司
经销 新华书店
印刷 世纪千禧印刷(北京)有限公司
责任印制 陶 松

法律出版社/北京市丰台区莲花池西里7号(100073)
电子邮件/info@lawpress.com.cn
销售热线/010-63939792/9779
网址/www.lawpress.com.cn
咨询电话/010-63939796

中国法律图书有限公司/北京市丰台区莲花池西里7号(100073)
全国各地中法图分、子公司电话:
第一法律书店/010-63939781/9782
西安分公司/029-85388843
重庆公司/023-65382816/2908
上海公司/021-62071010/1636
北京分公司/010-62534456
深圳公司/0755-83072995

书号:ISBN 978-7-5118-1846-1
定价:24.00元
(如有缺页或倒装,中国法律图书有限公司负责退换)